建筑安装工程施工工艺标准系列丛书

门窗工程施工工艺

山西建设投资集团有限公司　组织编写

张太清　霍瑞琴　主编

U0364951

中国建筑工业出版社

图书在版编目(CIP)数据

门窗工程施工工艺/山西建设投资集团有限公司组
织编写. —北京：中国建筑工业出版社，2018.12
(建筑安装工程施工工艺标准系列丛书)
ISBN 978-7-112-22871-3

Ⅰ.①门… Ⅱ.①山… Ⅲ.①门-建筑安装-工程
施工②窗-建筑安装-工程施工 Ⅳ.①TU759.4

中国版本图书馆 CIP 数据核字(2018)第 242788 号

本书是《建筑安装工程施工工艺标准系列丛书》之一。该标准经广泛调查研究，认真总结工程实践经验，参考有关国家、行业及地方标准规范编写而成。

该书编制过程中主要参考了《建筑工程施工质量验收统一标准》GB 50300—2013、《建筑装饰装修工程质量验收规范》GB 50210—2018、《塑料门窗工程技术规程》JGJ 103—2008、《铝合金门窗工程技术规范》JGJ 214—2010 等标准规范。每项标准按引用标准、术语、施工准备、操作工艺、质量标准、成品保护、注意事项、质量记录八个方面进行编写。

本书可作为建筑门窗安装工程施工生产操作的技术依据，也可作为编制施工方案和技术交底的蓝本。在实施工艺标准过程中，若国家标准或行业标准有更新版本时，应按国家或行业现行标准执行。

责任编辑：张　磊

责任校对：芦欣甜

建筑安装工程施工工艺标准系列丛书
门窗工程施工工艺
山西建设投资集团有限公司　组织编写
张太清　霍瑞琴　主编
*
中国建筑工业出版社出版、发行（北京海淀三里河路9号）
各地新华书店、建筑书店经销
北京科地亚盟排版公司制版
北京圣夫亚美印刷有限公司印刷
*
开本：787×960毫米　1/16　印张：6¾　字数：116千字
2019 年 3 月第一版　2019 年 3 月第一次印刷
定价：**21.00**元
ISBN 978 - 7 - 112 - 22871 - 3
（32949）

发 布 令

为进一步提高山西建设投资集团有限公司的施工技术水平，保证工程质量和安全，规范施工工艺，由集团公司统一策划组织，系统内所有骨干企业共同参与编制，形成了新版《建筑安装工程施工工艺标准》（简称"施工工艺标准"）。

本施工工艺标准是集团公司各企业施工过程中操作工艺的高度凝练，也是多年来施工技术经验的总结和升华，更是集团实现"强基固本，精益求精"管理理念的重要举措。

本施工工艺标准经集团科技专家委员会专家审查通过，现予以发布，自2019年1月1日起执行，集团公司所有工程施工工艺均应严格执行本"施工工艺标准"。

山西建设投资集团有限公司

党委书记：

董事长：

2018 年 8 月 1 日

丛书编委会

序

    企业技术标准是企业发展的源泉，也是企业生产、经营、管理的技术依据。随着国家标准体系改革步伐日益加快，企业技术标准在市场竞争中会发挥越来越重要的作用，并将成为其进入市场参与竞争的通行证。

    山西建设投资集团有限公司前身为山西建筑工程（集团）总公司，2017年经改制后更名为山西建设投资集团有限公司。集团公司自成立以来，十分重视企业标准化工作。20世纪70年代就曾编制了《建筑安装工程施工工艺标准》；2001年国家质量验收规范修订后，集团公司遵循"验评分离，强化验收，完善手段，过程控制"的十六字方针，于2004年编制出版了《建筑安装工程施工工艺标准》（土建、安装分册）；2007年组织修订出版了《地基与基础工程施工工艺标准》、《主体结构工程施工工艺标准》、《建筑装饰装修施工工艺标准》、《建筑屋面工程施工工艺标准》、《建筑电气工程施工工艺标准》、《通风与空调工程施工工艺标准》、《电梯与智能建筑工程施工工艺标准》、《建筑给水排水及采暖工程施工工艺标准》共8本标准。

    为加强推动企业标准管理体系的实施和持续改进，充分发挥标准化工作在促进企业长远发展中的重要作用，集团公司在2004年版及2007年版的基础上，组织编制了新版的施工工艺标准，修订后的标准增加到18个分册，不仅增加了许多新的施工工艺，而且内容涵盖范围也更加广泛，不仅从多方面对企业施工活动做出了规范性指导，同时也是企业施工活动的重要依据和实施标准。

    新版施工工艺标准是集团公司多年来实践经验的总结，凝结了若干代山西建投人的心血，是集团公司技术系统全体员工精心编制、认真总结的成果。在此，我代表集团公司对在本次编制过程中辛勤付出的编著者致以诚挚的谢意。本标准的出版，必将为集团工程标准化体系的建设起到重要推动作用。今后，我们要抓住契机，坚持不懈地开展技术标准体系研究。这既是企业提升管理水平和技术优势的重要载体，也是保证工程质量和安全的工具，更是提高企业经济效益和社会效益的手段。

  在本标准编制过程中，得到了住建厅有关领导的大力支持，许多专家也对该标准进行了精心的审定，在此，对以上领导、专家以及编辑、出版人员所付出的辛勤劳动，表示衷心的感谢。

  在实施本标准过程中，若有低于国家标准和行业标准之处，应按国家和行业现行标准规范执行。由于编者水平有限，本标准如有不妥之处，恳请大家提出宝贵意见，以便今后修订。

山西建设投资集团有限公司

总经理：

2018 年 8 月 1 日

前　言

　　本书是山西建设投资集团有限公司《建筑安装工程施工工艺标准系列丛书》之一。该标准经广泛调查研究，认真总结工程实践经验，参考有关国家、行业及地方标准规范，在 2007 版基础上广泛征求意见修订而成。

　　该书编制过程中主要参考了《建筑工程施工质量验收统一标准》GB 50300—2013、《建筑装饰装修工程质量验收标准》GB 50210—2018、《塑料门窗工程技术规程》JGJ 103—2008、《铝合金门窗工程技术规范》JGJ 214—2010 等标准规范。每项标准按引用标准、术语、施工准备、操作工艺、质量标准、成品保护、注意事项、质量记录八个方面进行编写。

　　本标准修订的主要内容是：

　　1. 由于涂色镀锌钢板门窗安装应用范围较窄、工艺落后，故取消了该部分内容。

　　2. 增加了板材类金属门窗、复合门窗、防火门、防盗门、全玻门、自动门、旋转门、金属卷帘门和地下室人防门安装。

　　3. 将铝合金、塑料门窗玻璃安装改为铝合金、塑料、复合门窗玻璃安装。

　　本书可作为建筑门窗安装工程施工生产操作的技术依据，也可作为编制施工方案和技术交底的蓝本。在实施工艺标准过程中，若国家标准或行业标准有更新版本时，应按国家或行业现行标准执行。

　　本书在编制过程中，限于技术水平，有不妥之处，恳请提出宝贵意见，以便今后修订完善。随时可将意见反馈至山西建设投资集团公司技术中心（太原市新建路 9 号，邮政编码 030002）。

目　录

第1章 木门窗安装

本工艺标准适用于工业与民用建筑的木门窗安装。

1 引用标准

《建筑工程施工质量验收统一标准》GB 50300—2013

《建筑装饰装修工程施工质量验收标准》GB 50210—2018

《木门窗》GB/T 29498—2013

《建筑外门窗气密、水密、抗风压性能分级及检测方法》GB/T 7106—2008

2 术语（略）

3 施工准备

3.1 作业条件

3.1.1 结构工程经验收合格，0.5m 标高线已弹好。

3.1.2 门窗框、扇进入施工现场应经验收，合格后方可使用；门窗框、扇安装前，其型号、尺寸应符合设计要求，不符合者应退换或修理。

3.1.3 门窗框进场后，应及时将靠墙靠地的一面涂刷防腐涂料一道；门窗框不靠墙的其他各面及扇，均应涂刷清油一道，并通风干燥。

3.1.4 木门窗宜在室内分别水平码放整齐，底层应搁置在垫木上，在仓库中垫木离地面高度不小于200mm，临时的敞篷垫木离地面不应小于400mm。码放时，框与框、扇与扇之间应每层垫木条，使其自然通风，但严禁露天堆放。

3.1.5 门框的安装应符合图纸要求的型号及尺寸，并注意门扇的开启方向，以确定门框安装的裁口方向，安装高度应按室内0.5m 标高线控制。

3.1.6 门窗框安装应在抹灰前进行，门扇和窗扇的安装宜在抹灰后和室内地面做完后进行。如必须先安装时，应注意对成品的保护，防止碰撞和污染。

3.2 材料及机具

3.2.1 木门窗：木门窗加工制作的型号、数量、加工质量必须符合设计要求，有出厂合格证，且木材含水率应符合现行有关标准的规定。

3.2.2 木制纱门窗：应与木门窗配套加工，型号、数量、尺寸符合设计要求，有出厂合格证，压纱条应与裁口相匹配，所用的小钉应配套供应。

3.2.3 防腐剂：氟硅酸钠，其纯度不应小于95％，含水率不大于1％，细度要求应全部通过1600孔/cm² 的筛或稀释的冷底子油，涂刷木材面与墙体接触部位。

3.2.4 墙体中用于固定门窗框的预埋件、木砖和其他连接件应符合设计要求。

3.2.5 小五金及其配件的种类、规格、型号必须符合图纸要求，并与门窗框扇相匹配。且产品质量必须是合格产品。

3.2.6 机具：粗刨、细刨、裁口刨、单线刨、锯、锤子、斧子、改锥、线勒子、扁铲、塞尺、线坠、红线包、墨斗、木钻、小电锯、担子板、盒尺、木楔、手电钻、笤帚等。

4 操作工艺

4.1 工艺流程

放线找规矩 → 洞口修复 → 门窗框安装 → 嵌缝处理 → 门窗扇安装 →

五金配件安装 → 纱扇安装

4.2 放线找规矩

4.2.1 以顶层门窗位置为准，从窗中线向两边量出边线，应从顶层用大线坠或经纬仪将控制线逐层引下，检查窗口位置的准确度，并在墙壁上弹出安装位置线。

4.2.2 根据室内0.5m标高线检查窗框安装的标高尺寸。

4.2.3 根据墙身大样图及窗台板宽度，确定门窗安装的平面位置，在侧面墙上弹出竖向控制线。

4.3 洞口修复

4.3.1 门窗框安装前，根据已弹好的平面位置和标高控制线，检查洞口平面位置及标高是否准确。如有缺陷应及时进行处理。

4.3.2 室内外门窗框应根据图纸位置和标高安装，为保证安装的牢固，应提前检查预埋木砖数量是否满足，1.2m 高的洞口，每边预埋两块木砖，高 1.2～2m 的洞口，每边预埋木砖 3 块，高 2～3m 的洞口，每边预埋木砖 4 块。如有问题应及时修补。

4.3.3 当墙体为轻质隔墙和 120mm 厚隔墙时，应采用预埋木砖的混凝土预制块，预制块的数量，也应根据洞口高度设 2 块、3 块、4 块，混凝土强度等级不低于 C15。

4.4 门窗框安装

4.4.1 门窗框安装时，应考虑抹灰的厚度，并根据门窗尺寸、标高、位置及开启方向，在墙上画出安装位置线，有贴脸的门窗立框时，立框应与抹灰面齐平；中立的外窗，如外墙为清水砖墙勾缝时，可稍移动，以盖上砖墙立缝为宜。有窗台板的窗，应注意窗台板的出墙尺寸，以确定立框位置。

4.4.2 门窗框的安装标高，经墙上弹 0.5m 标高线为准，用木楔将框临时固定于窗洞口内，并及时用线坠检查垂直，达到要求后塞紧固定。每块木砖上应钉 2 根长 10cm 的钉子，将钉帽砸扁。开始立门窗框时，铁钉应外露 10mm 以备之后修整时拔出；最后固定时，再将钉帽顺木纹钉入木门窗框内。

4.4.3 当隔墙为加气混凝土时，应按要求的木砖间距钻直径 30mm 的孔，孔深 7～10cm，并将蘸胶木橛打入孔中，木橛直径应略大于孔径 5mm，以便其打入牢固，待其凝固后再安装门窗框。

4.5 嵌缝处理

门窗框安装完经自检合格后，在抹灰前应进行塞缝处理，塞缝材料应符合设计要求，无特殊要求者用掺有纤维的水泥砂浆嵌实缝隙。经检验无漏嵌和空嵌现象后，方可进行抹灰作业。

4.6 门窗扇安装

4.6.1 安装前，确定门窗的开启方向及小五金型号、安装位置和装锁位置，对开门扇扇口的裁口位置及开启方向。

4.6.2 检查门窗口尺寸是否正确、边角是否方正，有无窜角，裁口方向是否正确，检查门窗口高度应量门的两个立边，检查门窗口宽度应量门口的上、中、下三点，并在扇的相应部位定点划线。

4.6.3 将门扇靠在框上划出相应的尺寸线，如果扇大，则应根据框的尺寸将大出的部分刨去，若扇小应绑木条，且木条应绑在装合页的一面或下口，用胶粘后并用钉子钉牢，钉帽要砸扁，顺木纹送入框内 1～2mm。

4.6.4 第一次修刨后的门窗扇应以能塞入口内为宜，塞好后用木楔顶住临时固定，按门窗扇与口边缝宽尺寸合适，画第二次修刨线，标出合页槽的位置（距门扇的上下端各 1/10，且避上、下冒头）。同时应注意口与扇安装的平整。

4.6.5 门扇的第二次修刨，缝隙尺寸合适后，即安装合页。应先用线勒子勒出合页的宽度，根据上、下冒头 1/10 的要求，定出合页安装边线，分别从上、下边线往里量出合页长度，剔合页槽，以槽的深度来调整门扇安装后与框的平整，刨合页槽时应留线，不应剔的过大、过深。

4.6.6 合页槽剔好后，即安装上、下合页，安装时应先拧一个螺丝，然后关上门检查缝隙是否合适，口与扇是否平整，无问题后方可将螺丝全部拧上拧紧。木螺丝应钉入全长 1/3，再拧入 2/3。如框扇为硬木时，安装前应先打孔，孔径为木螺丝直径的 0.9 倍，眼深为螺丝长的 2/3，打眼后再拧入螺丝，以防安装劈裂或将螺丝拧断。

4.6.7 安装对开扇时，应将门窗扇的宽度用尺量好，再确定中间对口缝的裁口深度。如采用企口锁时，对口缝的裁口深度及裁口方向应满足装锁的要求，然后将四周修刨到准确尺寸。

4.6.8 安装带玻璃的门窗扇时，一般玻璃裁口留在室内。

4.7 五金配件安装

4.7.1 五金安装应符合设计图纸的要求，不得遗漏，一般门锁、碰珠、拉手等距地高度为 950～1000mm，插销应在拉手下面。

4.7.2 门扇开启后易碰墙，为固定门扇位置，应安装门轧头或吸门器。对有特殊要求的关闭门，应安装门扇开启器。

4.7.3 窗风钩的安装位置，以开启后的窗扇距墙 20mm 为宜。

4.7.4 门插销应安装在扇梃中间，窗插销应安装在窗扇上下两端，插销插入深度不小于 10mm，应开、插、转动灵活。

4.7.5 窗拉手均应安装在扇梃中间，一般距地面高度以 1.5～1.6m，门拉手距地面宜为 0.9～1.05m。

4.7.6 所有安装完毕的五金，均应平整、顺直、洁净、无划痕。

4.8 纱扇安装

4.8.1 裁纱应比实际长度、宽度各长 50mm，以利压纱。绷纱时先将纱铺平后，装上压条铁钉钉住，将纱拉平绷紧后装下压条，用钉子钉住，然后装侧压条，用铁钉钉住，最后将边角多余的纱用扁铲割净。

4.8.2 纱扇安装应在玻璃安装完后进行。

5 质量标准

5.1 主控项目

5.1.1 木门窗的木材品种、材质等级、规格尺寸、框扇的线型及人造木板的甲醛含量应符合设计要求。设计未规定材质等级时，所用木材的质量应符合规范规定。

5.1.2 木门窗应采用烘干的木材，含水率及饰面质量应符合现行标准的有关规定。

5.1.3 木门窗的防火、防腐、防虫处理应符合设计要求。

5.1.4 木门窗的结合处和安装配件处不得有木节或已填补的木节。木门窗如有允许限值以内的死节及直径较大的虫眼时，应用同一材质的木塞加胶填补。对于清漆制品，木塞的木纹和色泽应与制品一致。

5.1.5 门窗框和厚度大于 50mm 的门窗扇应用双榫连接。榫槽应采用胶料严密嵌合，并应用胶楔加紧。

5.1.6 胶合板门、纤维板门和模压门不得脱胶。胶合板不得刨透表层单板，不得有戗槎。制作胶合板门、纤维板门时，边框和横楞应在同一平面上，面层、边框及横楞应加压胶结。横楞和上、下冒头应各钻两个以上的透气孔，透气孔应通畅。

5.1.7 木门窗的品种、类型、规格、开启方向、安装位置及连接方式应符合设计要求。

5.1.8 木门窗框的安装必须牢固。预埋木砖的防腐处理、木门窗框固定点的数量、位置及固定方法应符合设计要求。

5.1.9 木门窗扇必须安装牢固，并应开关灵活、关闭严密、无倒翘。

5.1.10 木门窗配件的型号、规格、数量应符合设计要求，安装应牢固，位置应正确，功能应满足使用要求。

5.2 一般项目

5.2.1 木门窗表面应洁净，不得有刨痕、锤印。

5

5.2.2 木门窗的割角、拼缝应严密平整。门窗框、扇裁口应顺直,刨面应平整。

5.2.3 木门窗上的槽、孔应边缘整齐,无毛刺。

5.2.4 木门窗与墙体间缝隙的填嵌材料应符合设计,填嵌应饱满。寒冷地区外门窗(或门窗框)与砌体间的空隙应填充保温材料。

5.2.5 木门窗批水、盖口条、压缝条、密封条的安装应顺直,与门窗结合应牢固、严密。

5.2.6 平开木门窗安装的留缝限值、允许偏差和检验方法应符合表 1-1 的规定。

平开木门窗安装的留缝限值、允许偏差和检验方法   表 1-1

项次	项目		留缝限值 (mm)	允许偏差 (mm)	检验方法
1	门窗框的正、侧面垂直度		—	2	用 1m 垂直检查尺检查
2	框与扇接缝高低差		—	1	用塞尺检查
	扇与扇接缝高低差			1	
3	门窗扇对口缝		1~4	—	用塞尺检查
4	工业厂房、围墙双扇大门对口缝		2~7	—	
5	门窗扇与上框间留缝		1~3	—	
6	门窗扇与合页侧框间留缝		1~3	—	
7	室外门扇与锁侧框间留缝		1~3	—	
8	门扇与下框间留缝		3~5	—	
9	窗扇与下框间留缝		1~3	—	
10	双层门窗内外框间距		—	4	用钢直尺检查
11	无下框时门扇与地面间留缝	室外门	4~7	—	用钢直尺或塞尺检查
		室内门	4~8	—	
		卫生间门		—	
		厂房大门	10~20	—	
		围墙大门		—	用钢直尺或塞尺检查
12	框与扇搭接宽度	门	—	2	用钢直尺检查
		窗	—	1	

6 成品保护

6.0.1 一般木门安装后应用 0.5~0.7mm 的铁皮保护,其高度以手推车车轴中心为准，如木框安装与结构同时进行，应采取措施防止门框碰撞后移动或变形，对于高级硬木门框，宜用厚1cm的木板条钉设保护，防止砸碰，破坏裁口而影响安装。

6.0.2 修刨门窗时应用木卡具将门垫起卡牢，以免损坏门边。

6.0.3 门窗框进场后应妥善保管，入库存放，其门窗存放架下面应垫起离开地面20～40cm，并垫平，按其型号及使用的先后次序码放整齐，露天临时存放时上面应用苫布盖好，防止日晒、雨淋。

6.0.4 进场的木门窗框应将靠墙的一面刷木材防腐剂进行处理，其余各面应刷清油一道，防止受潮后变形。

6.0.5 安装门窗时应轻拿轻放，防止损坏成品；修整门窗时不能硬撬，以免损坏扇料和五金。

6.0.6 安装门窗扇时，注意防止碰撞抹灰口角和其他装饰好的成品面层。

6.0.7 已安装好的门窗扇如不能及时安装五金时，应派专人负责管理。

6.0.8 严禁将窗框、窗扇作为架子的支点使用，防止门窗变形和损坏。

6.0.9 小五金的安装型号及数量应符合图纸要求，安装后应注意成品保护，喷浆时应遮盖保护，以防污染。

6.0.10 门窗安装后不得在室内推车，防止破坏和砸碰门窗。

7 注意事项

7.1 应注意的质量问题

7.1.1 有贴脸的门框安装后与抹灰面不平。主要原因是立口时没掌握好抹灰层的厚度。

7.1.2 门窗洞口预留尺寸不准，安装门框、窗框后四周的缝子过大或过小。主要原因是砌筑时门窗洞口尺寸留设不准，留的余量大小不均，或砌筑时拉线找规矩差，偏位较多。一般情况下安装门窗框上皮低于门窗过梁10～15mm，窗框下皮应比窗台上皮高5mm。

7.1.3 门窗框安装不牢。主要原因是砌筑时预留的木砖数量少或木砖砌的不牢；砌半砖墙或轻质墙未设置带木砖的混凝土块，而是直接使用木砖，灰干后木砖收缩活动；预制混凝土块或预制混凝土隔板，应在预制时将其木砖与钢筋骨架固定在一起，使木砖牢固地固定在预制混凝土内。木砖的设置一定要满足数量和间距的要求。

7.1.4 合页不平，螺丝松动，螺帽斜露，缺少螺丝：合页槽深浅不一，安装时螺丝钉入太长，或倾斜拧入。要求安装时螺丝应钉入 1/3、拧入 2/3，拧时不能倾斜；安装时如遇木节，应在木节处钻眼，重新塞入木塞后再拧螺丝，同时应注意每个孔眼都拧好螺丝，不可遗漏。

7.1.5 上下层门窗不顺直，左右安装不符线：洞口预留偏位，安装前没按规定的要求先弹线找规矩，没吊好垂直立线，没找好窗上下水平线。为解决此问题，要求施工人员必须按工艺标准操作，安装前必须要弹线找规矩，做好准备工作后再干。

7.1.6 纱扇压条不顺直，钉帽外露，纱边毛刺：主要原因施工人员不认真，压条质量太差，没提前将钉帽砸扁。

7.1.7 门窗缺五金，五金安装位置不对，影响使用：亮子无挺钩、壁柜、吊柜门窗缺碰珠或插销，双扇门无地插槽或无插销孔。双扇门插销安装在盖扇上，厨房插销安装在室内。以上各点均属于五金安装错误，应予纠正。

7.1.8 门窗扇翘曲：即门窗扇"皮楞"。对翘曲变形超过 3mm 的门窗扇，应经过处置后再使用。也可通过五金位置的调整解决扇的翘曲。

7.1.9 门扇开关不灵、自行开关：主要原因是门扇安装的两个合页轴不在一条直线上；安合页的一边门框立梃不垂直；合页进框较多，扇和梃产生碰撞，造成开关不灵活，要求掩扇前先检查门框立梃是否垂直，如有问题应及时调整，使装扇的上下两个合页轴在一垂直线上，选用五金合适，螺丝安装要平直。

7.1.10 扇下坠：主要原因合页松动；安装玻璃后，加大扇的自重；合页选用过小。要求选用合适的合页，并将固定合页的螺丝全部拧上，并使其牢固。

7.2 应注意的安全问题

7.2.1 高处作业时，应戴好安全帽、安全带，防止工具高空坠落。

7.2.2 安装体积较大的厂房大门时，应支设牢固，防止倾倒伤人。

7.2.3 施工用电应执行《施工现场临时用电安全技术规范》JGJ 46 的有关规定。

7.2.4 严禁穿拖鞋、高跟鞋、带钉易滑鞋或光脚进入施工现场，进入现场必须戴安全帽。

7.2.5 外门窗安装时，材料及工具应妥善放置，垂直下方严禁站人。工具要随手放入工具袋内,上下传递物件工具时不得抛掷。

7.2.6 应经常检查锤把是否松动,手电钻等电器工具是否有漏电现象,一经发现立即修理,坚决不能勉强使用。

7.3 应注意的绿色施工问题

7.3.1 木门窗搬运、安装噪声的控制:必须轻拿轻放,上下、左右有人传递;安装时,禁止用大锤敲打。

7.3.2 严把进货的外包装关,对散装或包装不严的木门窗拒绝进场。二次搬运中,防止人为造成门窗材料外包装的破损。

7.3.3 应注意施工时间性,以防门窗安装的噪声扰民。

7.3.4 门窗扇安装完毕,应将木屑打扫干净并运到指定地点。门窗外包装应及时收回,回收时不得夹杂杂物,并应及时运至指定地点,提高回收率。

8 质量记录

8.0.1 木门窗及五金配件的出厂合格证、性能检测报告和进场验收记录。

8.0.2 隐蔽工程检查验收记录。

8.0.3 施工记录。

8.0.4 木门窗安装工程检验批质量验收记录。

8.0.5 木门窗制作与安装分项工程质量验收记录。

8.0.6 其他技术文件。

第2章 钢门窗安装

本工艺标准适用于工业与民用建筑的钢门窗安装工程。

1 引用标准

《建筑工程施工质量验收统一标准》GB 50300—2013

《建筑装饰装修工程施工质量验收标准》GB 50210—2018

《住宅装饰装修工程施工规范》GB 50327—2001

《钢门窗》GB/T 20909—2017

2 术语（略）

3 施工准备

3.1 作业条件

3.1.1 主体结构经质量验收合格，工种之间已经办好交接手续，达到安装条件。

3.1.2 已按图纸尺寸弹好门窗中线，并弹好室内50cm水平线。

3.1.3 门窗预埋铁件按其标高位置留好，并经检查符合要求。预留孔内清理干净。

3.1.4 门窗与过梁混凝土之间的连接铁件位置、数量，经检查符合要求，对未设置连接铁件或位置不准者，应按钢门窗的安装要求补齐。

3.1.5 安装前应检查钢门窗型号、尺寸。并对翘曲、开焊、变形等缺陷进行处理，符合要求后再安装。

3.1.6 对组合钢门窗应先装样板，经建设、监理单位验收合格后，方可大量组装。

3.1.7 门窗安装前，应对门窗洞口尺寸进行检验。

3.1.8 经过校正或补焊处理后应补刷防锈漆，并保证涂刷均匀。

3.2 材料及机具

3.2.1 钢门窗的品种、型号应符合设计要求，有出厂合格证明。钢门窗应刷防锈漆一道。

3.2.2 钢纱扇品种、型号应与钢门窗配套，且五金配件齐全。

3.2.3 水泥强度等级应为 32.5 级以上，品种应为普通硅酸盐水泥。砂为中砂，过 5mm 筛备用。

3.2.4 防锈漆及铁纱均应符合设计要求。

3.2.5 焊条的型号应与焊件要求相符，有出厂合格证。

3.2.6 机具：电焊机、焊把线、塞尺、盒尺、铁水平尺、线坠、木楔、手锤、螺丝刀、卡具、笤帚等。

4 操作工艺

4.1 工艺流程

放线找规矩 → 钢门窗就位 → 钢门窗固定 → 五金配件安装 → 纱扇安装

4.2 放线找规矩

4.2.1 以顶层门窗安装位置线为准，根据图纸中门窗的安装位置、尺寸和标高，以门窗中线为准向两边量出门窗边线。用线坠或经纬仪将顶层分出的门窗控制线逐层引下，分别确定各楼层门窗安装位置。

4.2.2 以各楼层室内 50cm 水平线为准，弹出门窗安装水平线。

4.2.3 依据门窗的边线和水平安装线做好各楼层门窗的安装标记。

4.3 钢门窗就位

4.3.1 按图纸中要求的型号、规格及开启方向等，将所需要的钢门窗搬运到安装地点，并垫靠稳当，并做好防雨、防倾倒、防锈等保护措施。

4.3.2 将钢门窗立于洞口后用木楔临时固定，并及时用线坠检查是否垂直，达到要求后塞紧固定，并将其铁脚插入预留孔中。

4.3.3 钢门窗就位时，应保证钢门窗上框距过梁要有 15～20mm 缝隙，框左右缝隙均匀且宽度一致，距外墙皮尺寸符合图纸要求。

4.4 钢门窗固定

4.4.1 钢门窗就位后，校正其水平和正、侧面垂直，然后将上框铁脚与过梁中的预埋件焊牢，将框两侧铁脚插入预留孔内，并用支撑木楔临时固定。

4.4.2 钢门窗铁件隐蔽验收后，用水把预留孔内湿润，再用1∶3干硬性水泥砂浆或细石混凝土将其填实后抹平，终凝前不得碰动框扇。

4.4.3 浇水养护3d后取出四周木楔，用1∶3水泥砂浆把框与墙之间的缝隙填实抹平。

4.4.4 若为钢大门时，应将合页焊到墙中的预埋件上。要求每侧预埋件必须在同一垂直线上，两侧对应的预埋件必须在同一水平位置上。

4.5 五金配件安装

4.5.1 五金配件安装一般在钢门窗末道油完成后进行。且安装前，先用丝锥清理钢门窗框扇丝扣的毛刺及油漆。

4.5.2 检查窗扇开启是否灵活，关闭是否严密，如有问题必须调整后再安装。

4.5.3 在开关零件的螺孔处配置合适的螺钉，将螺钉拧紧。当拧不进去时，检查孔内是否有多余物，若有，将其剔除后再拧紧螺丝。当螺钉与螺孔位置不吻合时，可略挪动位置，重新攻丝后再安装。

4.5.4 钢门锁的安装按说明书及施工图要求进行，安好后锁应开关灵活。

4.6 纱扇安装

4.6.1 裁纱应比实际长度、宽度各长50mm，以利压纱。绷纱时先将纱铺平后装上压条，拧紧螺丝，将纱拉平绷紧后装下压条，拧紧螺丝，然后装侧压条，拧紧螺丝，最后将边角多余的纱用扁铲割净。

4.6.2 纱扇安装应在玻璃安装完后进行。

5 质量标准

5.1 主控项目

5.1.1 钢门窗的品种、类型、规格、尺寸、性能、开启方向、安装位置、连接方式、防腐处理及嵌缝、密封处理应符合设计要求。

5.1.2 钢门窗框、扇必须安装牢固，预埋件的数量、位置、埋设方式、与框的连接方式必须符合设计要求。门窗扇应开关灵活、关闭严密，无倒翘。推拉门窗扇必须有防脱落措施。

5.1.3 钢门窗配件的型号、规格、数量应符合设计要求，安装应牢固，位置应正确，功能应满足使用要求。

5.2 一般项目

5.2.1 钢门窗表面应洁净、平整、光滑、色泽一致，无锈蚀、擦伤、划痕、碰伤。

5.2.2 钢门窗框与墙体之间的缝隙应填嵌饱满，并采用密封胶密封。密封胶表面应光滑、顺直、无裂纹。

5.2.3 钢门窗扇的橡胶密封条或毛毡密封条应安装完好，不得脱槽。

5.2.4 有排水孔的钢门窗，排水孔应畅通，位置和数量应符合设计要求。

5.2.5 钢门窗安装的留缝限值、允许偏差和检验方法应符合表 2-1 规定。

钢门窗安装的留缝限值、允许偏差和检验方法　　　　表 2-1

项次	项目		留缝限值（mm）	允许偏差（mm）	检验方法
1	门窗槽口宽度、高度	≤1500mm	—	2	用钢尺检查
		>1500mm		3	
2	门窗槽口对角线长度差	≤2000mm		3	用钢尺检查
		>2000mm		4	
3	门窗框的正、侧面垂直度			3	用1m垂直检测尺检查
4	门窗横框的水平度			3	用1m水平尺和塞尺检查
5	门窗横框标高			5	用钢卷尺检查
6	门窗竖向偏离中心			4	用钢卷尺检查
7	双层门窗内外框间距			5	用钢卷尺检查
8	门窗框、扇配合间距		≤2	—	用塞尺检查
9	平开门窗框扇搭接宽度	门	≥6	—	用钢直尺检查
		窗	≥4	—	用钢直尺检查
	推拉门窗框扇搭接宽度		≥6	—	用钢直尺检查
10	无下框时门扇与地面间留缝		4～8	—	用塞尺检查

6　成品保护

6.0.1 钢门窗运输时，应轻拿轻放，并采取保护措施，避免挤压磕碰，防止变形损坏。

6.0.2 钢门窗进场后，应按规格、型号分类堆放，然后挂牌标记；露天堆放应做好遮雨措施，不得乱堆乱放，防止变形和生锈。

6.0.3 安装完毕的钢门窗严禁安放脚手架或悬吊重物。

6.0.4 安装完毕的门窗洞口不能再做施工运料通道。如必须使用时，应采取防护措施。

6.0.5 严禁以钢门窗作为架子的支点使用，防止钢门窗移位和变形。

6.0.6 抹灰时残留在钢门窗扇上的砂浆要及时清理干净。

6.0.7 拆架子时，注意将开启的门窗关上后，再落架子，防止撞坏钢门窗。

7 注意事项

7.1 应注意的质量问题

7.1.1 钢门窗安装前应认真检查，发现翘曲和窜角，应及时校正修理，检查合格后再进行安装。

7.1.2 施工前放线找规矩，安装时应挂线。确保钢门窗上下顺直，左右标高一致。

7.1.3 铁脚固定应符合要求，预留洞与铁脚位置不符时，安装前应检查处理，确保钢门窗安装牢固。

7.1.4 钢门窗在没固定前，应进行门窗关闭试验检查，并清理干净黏附在间隙部位的杂物。

7.1.5 钢窗安装前应认真核对钢窗型号，五金配件应齐全、配套。

7.1.6 压纱条与门窗扇裁口应配套，切割时应认真操作。固定压纱条应用配套的螺丝。

7.2 应注意的安全问题

7.2.1 高空作业人员应戴好安全帽、系好安全带。

7.2.2 施工用电应执行《施工现场临时用电安全技术规范》JGJ 46 的有关规定。

7.2.3 电工、焊工等特殊工种操作人员必须持上岗证。

7.2.4 安装门窗时若使用梯子，梯子必须结实牢固，不应缺档，不应放置过陡，梯子与地面夹角以 $60°\sim70°$ 为宜。严禁两人同时站在一个梯子上作业。使用高凳时不能站其端头，防止跌落。

7.2.5 安装门窗、玻璃或擦玻璃时，严禁用手攀窗框、窗扇和窗撑；操作时应系好安全带，严禁把安全带挂在窗撑上。安装外门窗时，材料及工具应妥善放置，其垂直下方严禁有人。

7.3 应注意的绿色施工问题

7.3.1 作业场所应配备齐全可靠的消防器材。作业场所不得存放易燃物品，并严禁吸烟或动用明火。

7.3.2 从事电、气焊或气割作业前，应清理作业周围的可燃物体或采取可靠的隔离措施。对需要办理动火证的场所，在取得相应手续后方可动工，并设专人进行监护。

7.3.3 在施工过程中对于电锤等施工机具产生的噪声，施工人员应严格按工程确定的绿色施工措施进行控制。

7.3.4 废弃物按指定位置分类储存，集中处置。

7.3.5 施工后的废料应及时清理，做到工完料净场清，坚持文明施工。

8 质量记录

8.0.1 钢门窗及五金配件、焊条的出厂合格证、性能检测报告和进场验收记录。

8.0.2 钢窗抗风压性能、空气渗透性能和雨水渗漏性能复验报告。

8.0.3 隐蔽工程检查验收记录。

8.0.4 施工记录。

8.0.5 钢门窗安装工程检验批质量验收记录。

8.0.6 金属门窗安装分项工程质量验收记录。

8.0.7 其他技术文件。

第3章 铝合金门窗安装

本工艺标准适用于工业与民用建筑的铝合金门窗安装。

1 引用标准

《建筑工程施工质量验收统一标准》GB 50300—2013
《建筑装饰装修工程施工质量验收标准》GB 50210—2018
《住宅装饰装修工程施工规范》GB 50327—2001
《铝合金门窗》GB/T 8478—2008

2 术语（略）

3 施工准备

3.1 作业条件

3.1.1 主体结构质量经验收合格，工种之间已办好交接手续，并弹好室内 0.5m 水平线。

3.1.2 检查门窗洞口尺寸及标高是否符合设计要求。有预埋件的门窗口还应检查预埋件的数量、位置及埋设方法是否符合设计要求。

3.1.3 进场前检查铝合金门窗，如有劈棱窜角和翘曲不平、偏差超标、表面损伤、变形及松动、外观色差较大者，应进行修理或退换，验收合格后才能安装。

3.1.4 铝合金门窗的保护膜应完整，如有破损应补贴后再安装。

3.2 材料及机具

3.2.1 铝合金门窗的规格、型号应符合设计要求，五金配件配套齐全，并具有出厂合格证、材质检验报告。

3.2.2 防腐材料、填缝材料、密封材料、防锈漆、连接板等应符合设计要求和有关标准的规定。胶黏剂应与密封材料的材质匹配，且有相应的质量保证资料。

3.2.3　铝合金纱门窗型号、尺寸应符合设计要求，有出厂合格证明。

3.2.4　保护材料、清洁材料应符合设计要求。

3.2.5　机具：铝合金切割机、手电钻、射钉枪、$\phi8$ 锉刀、十字螺丝刀、划针、铁脚圆规、锤子、塞尺、盒尺、钢板尺、铁水平尺、线坠、木楔、卡具、笤帚等。

4　操作工艺

4.1　工艺流程

放线找规矩 → 防腐处理 → 门窗框安装就位 → 门窗框固定 → 嵌缝处理 →

门窗扇安装 → 五金配件安装 → 纱扇安装

4.2　放线找规矩

4.2.1　以顶层门窗边线为准，根据设计图纸中门窗的安装位置、尺寸和标高，依据门窗中线向两边量出顶层门窗边线，用线坠或经纬仪将门窗边线下引，并在各层门窗口处画线标记，对个别不直的门窗口边应进行剔凿处理。

4.2.2　门窗的水平位置应以楼层室内 0.5m 的水平线为准，确定门窗口的水平位置，弹线找直。每一层必须保证窗口标高一致。

4.2.3　根据墙身大样图及窗台板宽度，确定门窗安装的平面位置，在侧面墙上弹出竖向控制线。

4.3　防腐处理

4.3.1　门窗框四周外表面的防腐处理应按设计要求进行处理，如果设计无要求时，可涂刷防腐涂料或粘贴塑料薄膜进行保护，以免水泥砂浆直接与铝合金门窗表面接触，产生电化学反应，腐蚀铝合金门窗。

4.3.2　安装铝合金门窗时，如果采用连接铁件固定，则连接铁件，固定件等安装用金属零件最好用不锈钢件。否则必须进行防腐处理，以免产生电化学反应，腐蚀铝合金门窗。

4.4　门窗框安装就位

根据划好的门窗定位线，安装铝合金门窗框。并及时调整好门窗框的水平、

17

垂直及对角线长度等，符合质量标准，然后用木楔临时固定。

4.5 门窗框固定

4.5.1 门窗框端部铁脚至窗角的距离不应大于 180mm，铁脚间距应小于600mm。固定方式如下：

1 射钉适用于混凝土结构。

2 特种钢钉（水泥钉）适用于混凝土和砖墙结构。

3 金属膨胀螺栓适用于混凝土结构。

4 塑料膨胀螺栓适用于混凝土和砖墙结构。

5 门框下部应埋入地面 30～120mm；固定用胶结材料凝固后，方可取出木楔。

4.5.2 铝合金门窗就位后，外框与洞口应弹性连接牢固，不得将门窗外框直接埋入墙体。

4.5.3 横向及竖向组合时，应采取套插、搭接形成曲面组合，搭接长度宜为 10mm，并用密封膏密封。

4.5.4 安装密封条时，一般应比门窗的装配边长 20～30mm，在转角处应以 45°角断开，并用胶黏剂粘贴牢固。

4.5.5 门窗为明螺丝连接时，应用与门窗颜色相同的密封材料将其掩埋密封。

4.5.6 地弹簧座的安装：根据地弹簧安装位置提前剔洞，将地弹簧放入剔好的洞内，用水泥砂浆固定。地弹簧座的上皮应与室内地平一致；地弹簧的转轴轴线应要与门框横梁的定位销轴心线一致。

4.6 嵌缝处理

4.6.1 嵌缝处理前应检查安装好的门窗是否牢固，连接件应进行防腐处理。

4.6.2 门窗框与墙体的缝隙填塞，应按设计要求处理，如设计未提出要求时，可采用弹性保温材料或玻璃棉毡条分层填塞缝隙，外表面留 3～5mm 深槽口，填嵌嵌缝油膏或密封胶，严禁用水泥砂浆填塞。

4.7 门窗扇安装

4.7.1 门窗扇应在洞口墙体表面装饰完工验收后安装。

4.7.2 推拉门窗扇应先在框内做导轨和滑轮，或者在门窗扇下的冒头内安装滑轮。

4.7.3　平开门窗扇先在框上安装固定好门窗轴，再安装门窗扇。

4.7.4　地弹簧门应在门框及地弹簧主机入地安装固定后再安门扇。先将玻璃嵌入门扇格架并一起入框就位，调整好框扇缝隙，最后填嵌门扇玻璃的密封条及密封胶。

4.8　五金配件安装

安装前应检查门窗开启关闭是否灵活。安装的五金配件应按产品说明书安装牢固，使用灵活。

4.9　纱门窗扇安装

裁纱应比实际长度、宽度各长 50mm，以利压纱。绷纱时先用压条将上、下窗纱绷紧压实，再压两侧，并用螺钉固定。最后将边角多余的窗纱用扁铲割干净。

5　质量标准

5.1　主控项目

5.1.1　铝合金门窗的品种、类型、规格、性能、开启方向、安装位置、连接方式及型材壁厚应符合设计要求。门窗的防腐处理及嵌缝、密封处理应符合设计要求。

5.1.2　铝合金门窗框必须安装牢固。框与墙体连接方式、固定点位置和间距应符合设计要求。

5.1.3　铝合金门窗扇必须安装牢固，并应开关灵活、关闭严密，无倒翘。推拉门窗扇必须有防脱落措施。

5.1.4　金属门窗配件的型号、规格、数量应符合设计要求，安装应牢固，位置应正确，功能应满足使用要求。

5.2　一般项目

5.2.1　铝合金门窗表面应洁净、平整、光滑、色泽一致，无锈蚀。大面应无划痕、碰伤。漆膜或保护层应连续。

5.2.2　铝合金门窗推拉门窗扇开关力应不大于 50N。

5.2.3　铝合金门窗框与墙体之间的缝隙应填嵌饱满，密封胶表面光滑、顺直、厚度一致、无裂纹。

5.2.4　铝合金门窗扇的橡胶密封条或毛毡密封条应安装完好，不得脱槽。

5.2.5 有排水孔的铝合金门窗，排水孔应畅通，位置和数量应符合设计要求。

5.2.6 铝合金门窗安装的允许偏差和检验方法应符合表3-1规定。

铝合金门窗安装允许偏差和检验方法　　　　表3-1

项次	项目		允许偏差（mm）	检验方法
1	门窗槽口宽度、高度	≤2000mm	2	用钢卷尺检查
		>2000mm	3	
2	门窗槽口对角线长度差	≤2500mm	4	用钢卷尺检查
		>2500mm	5	
3	门窗框的正、侧面垂直度		2	用1m垂直检测尺检查
4	门窗横框的水平度		2	用1m水平尺和塞尺检查
5	门窗横框标高		5	用钢卷尺检查
6	门窗竖向偏离中心		5	用钢卷尺检查
7	双层门窗内外框间距		4	用钢尺检查
8	推拉门窗扇与框搭接量	门	2	用钢直尺检查
		窗	1	

6 成品保护

6.0.1 铝合金门窗应入库，码放整齐，下边垫起、垫平，防止变形。对已做好披水的窗，还要注意保护披水。

6.0.2 铝合金门窗装入洞口临时固定后，应检查四周边框和中间框架是否用规定的保护胶纸和塑料薄膜封贴包扎好，再进行门窗框与墙体之间缝隙的填嵌和洞口墙体表面装饰施工，以防止水泥砂浆、灰水、喷涂材料等污染损坏铝合金门窗表面。在室内外湿作业未完成前，不能破坏门窗表面的保护材料。禁止从窗口运送任何材料，以防损坏保护膜。

6.0.3 应采取措施，防止焊接作业时电焊火花损坏周围的铝合金门窗型材、玻璃等材料。

6.0.4 严禁在安装好的铝合金门窗上安放脚手架，悬挂重物。经常出入的门洞口，应及时保护好门框，严禁施工人员踩踏铝合金门窗，严禁施工人员碰擦铝合金门窗。

6.0.5　交工前，应将门窗的保护膜撕去，要轻轻剥离，不得划破、剥花铝合金表面氧化膜。

7　注意事项

7.1　应注意的质量问题

7.1.1　铝合金门窗安装前应认真检查，发现翘曲和窜角，应及时校正修理，检查合格后再进行安装。

7.1.2　施工前放线找规矩，安装时应挂线。确保门窗上下顺直，左右标高一致。

7.1.3　当门窗组合时，接缝应平整，不劈棱、不窜角。

7.1.4　施工时应注意成品保护，及时清理面层污染。不得使用硬物清理门窗表面污染物。

7.1.5　涂抹密封材料前，基层应清理干净，密封膏厚度一致、宽窄一致。

7.1.6　门窗框应固定牢固，水平度、垂直度、对角线均应合格。

7.2　应注意的安全问题

7.2.1　高空作业人员应戴好安全帽、系好安全带，安全带严禁系挂在窗棂或窗扇上。

7.2.2　施工用电应执行《施工现场临时用电安全技术规范》JGJ 46 的有关规定。

7.2.3　操作时严禁将射钉枪的枪口对人，操作者应戴防护眼镜。

7.2.4　安装门窗、玻璃或擦玻璃时，严禁用手攀窗框、窗扇和窗撑；操作时应系好安全带，严禁把安全带挂在窗棂或窗扇上。安装外门窗时，材料及工具应妥善放置，其垂直下方严禁有人。

7.2.5　安装门窗时若使用梯子，梯子必须结实牢固，不应缺档，不应放置过陡，梯子与地面夹角以 60°～70°为宜。严禁两人同时站在一个梯子上作业。使用高凳时不能站其端头，防止跌落。

7.2.6　作业场所应配备齐全可靠的消防器材。作业场所不得存放易燃物品，并严禁吸烟或动用明火。

7.2.7　电工、焊工等特殊工种操作人员必须持上岗证。从事电、气焊或气割作业前，应清理作业周围的可燃物体或采取可靠的隔离措施。对需要办理动火证的场所，在取得相应手续后方可动工，并设专人进行监护。

7.3 应注意的绿色施工问题

7.3.1 在施工过程中对于电锤等施工机具产生的噪声，施工人员应严格按工程确定的绿色施工措施进行控制。

7.3.2 废弃物按指定位置分类储存，集中处置。

7.3.3 施工后的废料应及时清理，做到工完料净场清，坚持文明施工。

8 质量记录

8.0.1 铝合金门窗及五金配件的出厂合格证、性能检测报告和进场验收记录。

8.0.2 嵌缝、密封材料合格证书。

8.0.3 铝合金窗抗风压性能、空气渗透性能和雨水渗漏性能复验报告。

8.0.4 隐蔽工程检查验收记录。

8.0.5 施工记录。

8.0.6 金属门窗安装工程检验批质量验收记录。

8.0.7 金属门窗安装分项工程质量验收记录。

8.0.8 其他技术文件。

第4章 板材类金属门窗安装

本工艺标准适用于工业与民用建筑的板材类金属门窗安装（彩色涂层钢板门窗安装、不锈钢门窗安装）。

1 引用标准

《建筑工程施工质量验收统一标准》GB 50300—2013
《建筑装饰装修工程施工质量验收标准》GB 50210—2018
《平开、推拉彩色涂层钢板门窗》JG/T 3041—1997

2 术语（略）

3 施工准备

3.1 作业条件

3.1.1 结构工程已完，经验收后达到合格标准，已办理了工种之间交接检。

3.1.2 按图示尺寸弹好窗中线及50cm的标高线，核对门窗口预留尺寸及标高是否正确，如不符，应提前进行处理。

3.1.3 检查原结构施工时门窗两侧预留铁件的位置是否正确，是否满足安装需要，如有问题应及时调整。

3.1.4 开包检查核对门窗规格、尺寸和开启方向是否符合图纸要求；检查门窗框、扇角梃有无变形，玻璃及零附件是否损坏，如有破损，应及时修复或更换后方可安装。

3.1.5 提前准备好安装脚手架，并搞好安全防护。

3.2 材料及机具

3.2.1 板材类金属门窗规格、型号应符合设计要求，且应有出厂合格证。

3.2.2 板材类金属门窗所用的五金配件，应与门窗型号相匹配，采用五金喷塑铰链，并用塑料盒装饰。

3.2.3 门窗密封采用橡胶密封胶条，断面尺寸和形状均应符合设计要求。

3.2.4 门窗连接采用塑料插接件螺钉，把手的材质应按图纸要求而定。

3.2.5 焊条的型号根据施焊铁件的厚度决定，并应有产品的合格证。

3.2.6 嵌缝材料、密封膏的品种、型号应符合设计要求。

3.2.7 强度为 32.5 级以上普通水泥或矿渣水泥。中砂过 5mm 筛，筛好备用。豆石少许。

3.2.8 防锈漆、铁纱（或铝纱）、压纱条、自攻螺丝等配套准备，并有产品合格证。

3.2.9 膨胀螺栓：塑料垫片、钢钉等备用。

3.2.10 机具：螺丝刀、粉线包、托线板、线坠、扳手、手锤、钢卷尺、塞尺、毛刷、刮刀、扁铲、水平尺、丝锥、笤帚、冲击电钻、射钉枪、电焊机、面罩、小水壶等。

4 操作工艺

4.1 工艺流程

放线找规矩 → 门窗安装 → 嵌缝

4.2 放线找规矩

4.2.1 以顶层门窗边线为准，根据设计图纸中门窗的安装位置、尺寸和标高，依据门窗中线向两边量出顶层门窗边线，用线坠或经纬仪将门窗边线下引，并在各层门窗口处画线标记，对个别不直的门窗口边应进行剔凿处理。

4.2.2 门窗的水平位置应以楼层室内 0.5m 的水平线为准，确定门窗口的水平位置，弹线找直。每一层必须保证窗口标高一致。

4.2.3 根据墙身大样图及窗台板宽度，确定门窗安装的平面位置，在侧面墙上弹出竖向控制线。

4.3 门窗安装

4.3.1 带副框门窗安装

1 按门窗图纸尺寸在工厂组装好副框，运到施工现场，用 M5×12 的自攻螺钉将连接件铆固在副框上。

2 按图纸要求的规格、型号运送到安装现场。

3 将副框装入洞口，并与安装位置线齐平，用木楔临时固定，校正副框的正、侧面垂直度及对角线的长度无误后，用木楔临时固定。

4 将副框的连接件，逐件用电焊焊牢在洞口的预埋铁件上。

5 嵌塞门窗副框四周的缝隙，并及时将副框清理干净。

6 在副框与门窗的外框接触的顶、侧面贴上密封胶条，将门窗装入副框内，适当调整，用 M5×12 自攻螺钉将门窗外框与副框连接牢固，扣上孔盖；安装推拉窗时，还应调整好滑块。

7 副框与外框、外框与门窗之间的缝隙，应填充密封胶。

4.3.2 不带副框门窗安装

1 按设计图的位置在洞口内弹好门窗安装位置线，并明确门窗安装的标高尺寸。

2 按门窗外框上膨胀螺栓的位置，在洞口相应位置的墙体上钻膨胀螺栓孔。

3 将门窗装入洞口安装线上，调整门窗的垂直度、标高及对角线长度，合格后用木楔固定。

4 门窗与洞口均用膨胀螺栓固定好，盖上螺钉盖。

4.4 嵌缝

门窗与洞口之间的缝隙按设计要求的材料嵌塞密实，表面用建筑密封胶封闭。

5 质量标准

5.1 主控项目

5.1.1 板材类金属门窗的品种、类型、规格、尺寸、性能、开启方向、安装位置、连接方式、防腐处理及填嵌、密封处理应符合设计要求。

5.1.2 板材类金属门窗框和副框的安装必须牢固。预埋件的数量、位置、埋设方式与框的连接方式必须符合设计要求。

5.1.3 板材类金属门窗扇必须安装牢固，并应开关灵活、关闭严密，无倒翘。推拉门窗扇必须有防脱落措施。

5.1.4 板材类金属门窗配件的型号、规格、数量应符合设计要求，安装应牢固，位置应正确，功能应满足使用要求。

5.2 一般项目

5.2.1 门窗表面应洁净、平整、光滑、色泽一致、无锈蚀。大面应无划痕、碰伤。漆膜或保护层应连续。

5.2.2 门窗框与墙体之间的缝隙应填嵌饱满，并采用密封胶密封。密封胶表面应光滑、顺直，无裂纹。

5.2.3 门窗扇的橡胶密封条或毛毡密封条应安装完好，不得脱槽。

5.2.4 有排水孔的金属门窗，排水孔应畅通，位置和数量应符合设计要求。

5.2.5 钢板门窗安装的允许偏差和检验方法应符合表 4-1 的规定。

钢板门窗安装允许偏差和检验方法　　　　　　　　表 4-1

项次	项目		允许偏差（mm）	检验方法
1	门窗槽口宽度、高度	≤1500mm	2	用钢尺检查
		>1500mm	3	
2	门窗槽口对角线长度差	≤2000mm	4	用钢尺检查
		>2000mm	5	
3	门窗框的正、侧面垂直度		3	用垂直检测尺检查
4	门窗横框的水平度		3	用 1m 水平尺和塞尺检查
5	门窗横框标高		5	用钢尺检查
6	门窗竖向偏离中心		5	用钢尺检查
7	双层门窗内外框间距		4	用钢尺检查
8	推拉门窗扇与框搭接量		2	用钢直尺检查

6 成品保护

6.0.1 抹水泥砂浆嵌塞门窗缝以前，应先在门窗上贴纸或用塑料薄膜遮盖保护，以防门窗框被水泥污染后变色。

6.0.2 门窗框四周嵌塞密封胶时，操作应认真仔细，以防胶液污染门窗。

6.0.3 内外墙涂料施工时，亦应先遮挡好门窗，喷涂完后，拆除保护膜，将局部污染处用软布沾水擦净。

6.0.4 室内垃圾、杂物及水磨石浆水等，严禁从门窗口外倒。

6.0.5 不能将门窗框做为架子的支点承重。室内运输管道、设备、材料等，注意不要撞坏门窗框料。

6.0.6 门窗安装时不应在门框上打火引弧，防止烧伤门边。

6.0.7 作为主要运料口的门框口边，应用木板保护，防止碰撞、损坏。

6.0.8 门窗应及时安装五金配件，并设专人开关窗户，走道门扇应用木楔将门扇临时固定，防止碰坏。

7　注意事项

7.1　应注意的质量问题

7.1.1 板材类金属门窗应采取后塞口，严禁随砌墙、随塞口的施工方法，因此种门窗属于薄壁形门窗，易损坏。

7.1.2 门窗框与墙体四周嵌塞设计选用的嵌缝材料，塞满塞实后，外表面应用密封胶封堵，以防渗漏，并可保温。

7.1.3 副框与门窗框以及拼樘之间的缝隙均应用密封胶封严。

7.1.4 无副框的门窗安装时，最好先搞好内外抹灰，再在洞口内弹线，安装门窗，并用膨胀螺栓将外框固定在洞口的墙体上，嵌密封胶将门窗与墙体之间缝堵严。不应填嵌水泥砂浆。

7.1.5 门窗关闭不严密，间隙不均匀，开关不灵活；门窗框扇加工尺寸偏差较大，关闭后缝不均匀，开启时费劲，不灵活。应提高产品质量，加强验收检查。

7.1.6 生产门窗的厂家，不同时供应门窗附件，所使用的五金配件外购，与门窗预留安装孔洞、位置不配套，达不到使用要求。

7.2　应注意的安全问题

7.2.1 安装门窗时若使用梯子，梯子必须结实牢固，不应缺档，不应放置过陡，梯子与地面夹角以 $60°\sim70°$ 为宜。严禁两人同时站在一个梯子上作业。使用高凳时不能站其端头，防止跌落。

7.2.2 作业场所应配备齐全可靠的消防器材。作业场所不得存放易燃物品，并严禁吸烟或动用明火。

7.2.3 电工、焊工等特殊工种操作人员必须持上岗证。从事电、气焊或气割作业前，应清理作业周围的可燃物体或采取可靠的隔离措施。对需要办理动火证的场所，在取得相应手续后方可动工，并设专人进行监护。

7.2.4 进入现场必须戴安全帽。严禁穿拖鞋、高跟鞋、带钉易滑或光脚进入现场。高空作业人员应戴好安全帽、系好安全带。

7.2.5 施工用电应执行《施工现场临时用电安全技术规范》JGJ 46 的有关规定。

7.2.6 安装门窗、玻璃或擦玻璃时，严禁用手攀窗框、窗扇和窗撑；操作时应系好安全带，严禁把安全带挂在窗撑上。安装外门窗时，材料及工具应妥善放置，其垂直下方严禁有人。

7.2.7 材料要堆放平稳。工具要随手放入工具袋内。上下传递物件工具时，不得抛掷。

7.3 应注意的绿色施工问题

7.3.1 在施工过程中对于电锤等施工机具产生的噪声，施工人员应严格按工程确定的绿色施工措施进行控制。

7.3.2 对于施工中的油漆、稀料、胶、涂料在运送中要避免遗洒，以免污染地面。

7.3.3 施工后的废料应及时清理，做到工完料净场清，做好文明施工。

8 质量记录

8.0.1 板材类金属门窗及五金配件的出厂合格证、性能检测报告和进场验收记录。

8.0.2 板材类金属门窗抗风压性能、空气渗透性能和雨水渗透性能复验报告。

8.0.3 嵌缝材料、密封材料产品合格证书。

8.0.4 隐蔽工程检查验收记录。

8.0.5 金属门窗安装工程检验批质量验收记录。

8.0.6 金属门窗安装分项工程质量验收记录。

8.0.7 其他技术文件。

第5章 塑料门窗安装

本工艺标准适用于工业与民用建筑的塑料门窗安装。

1 引用标准

《建筑工程施工质量验收统一标准》GB 50300—2013
《建筑装饰装修工程施工质量验收标准》GB 50210—2018
《住宅装饰装修工程施工规范》GB 50327—2001
《门、窗用未增塑聚氯乙烯（PVC-U）型材》GB/T 8814—2017

2 术语（略）

3 施工准备

3.1 作业条件

3.1.1 主体结构已施工完毕，并经有关部门验收合格。或墙面已粉刷完毕，工种之间已办好交接手续。

3.1.2 当门窗采用预埋木砖与墙体连接时，墙体中应按设计要求埋置防腐木砖。对于加气混凝土墙，应预埋胶粘圆木。

3.1.3 同一类型的门窗及其相邻的上、下、左右洞口应横平竖直；对于高级装饰工程及放置过梁的洞口，应做洞口样板。洞口宽度和高度尺寸的允许偏差见表5-1：

洞口宽度或高度尺寸允许偏差（mm）　　　　　表5-1

项目	<2400	2400～4800	>4800
未粉刷墙面	±10	±15	±20
已粉刷墙面	±5	±10	±15

3.1.4 按图要求的尺寸弹好门窗中线，并弹好室内＋50cm水平线。

3.1.5 当安装塑料门窗时，其环境温度不应低于 5℃。

3.1.6 组合窗的洞口，应在拼樘料的对应位置设预埋件或预留洞；当洞口需要设置预埋件时，应检查其数量、规格及位置，预埋件的数量应和固定片的数量一致。

3.1.7 门窗安装应在洞口尺寸检验并合格，办好工种交接手续后，方可进行。门的安装应在地面工程施工后进行。

3.2 材料及机具

3.2.1 塑料门窗采用的 UPVC 型材、密封条等应符合现行的国家产品标准和有关规定。

3.2.2 门窗采用的紧固件、增强型钢及金属衬板等，应符合国家产品标准的有关规定，并应进行表面防腐处理；滑撑铰链不得使用铝合金材料。

3.2.3 固定片厚度应大于或等于 1.5mm，宽度应大于或等于 15mm，材质应符合 Q235-A 冷轧钢板标准，其表面应进行镀锌处理。

3.2.4 与塑料型材直接接触的五金件、紧固件、密封条、玻璃垫块、嵌缝膏等材料，其性能应与 PVC 塑料具有相容性。

3.2.5 门窗的外观、外形尺寸、装配质量、力学性能应符合现行的国家标准规定。门窗抗风压、空气渗透、雨水渗漏三项基本物理性能，应符合设计要求和现行有关标准规定。有产品的质量检测报告。

3.2.6 机具：型材切割机、冲击电钻、射钉枪、螺丝刀、橡皮锤、线坠、粉线包、钢卷尺、水平尺、拖线板、溜子、扁铲、凿子等。

4 操作工艺

4.1 工艺流程

放线找规矩 → 安装固定片 → 门窗安装 → 嵌缝 → 五金配件安装 →
纱门窗扇安装

4.2 放线找规矩

4.2.1 以顶层门窗边线为准，根据设计图纸中门窗的安装位置、尺寸和标高，依据门窗中线向两边量出顶层门窗边线，用线坠或经纬仪将门窗边线下引，并在各层门窗口处画线标记，对个别不直的门窗口边应进行剔凿处理。

4.2.2 门窗的水平位置应以楼层室内 0.5m 的水平线为准，确定门窗口的水平位置，弹线找直。每一层必须保证窗口标高一致。

4.2.3 根据墙身大样图及窗台板宽度，确定门窗安装的平面位置，在侧面墙上弹出竖向控制线。

4.3 安装固定片

4.3.1 检查门窗外观质量，不得有焊角开裂、型材断裂等损坏现象。将不同规格的塑料门窗搬到相应的洞口旁竖放，如发现保护膜脱落应补贴保护膜，并在门窗框上下边画中线。

4.3.2 检查门窗框上下边的位置及其内外朝向，并确认无误后，再安固定片。安装时应先采用 $\phi3.2$ 的钻头钻孔，然后将十字槽盘端头自攻 M4×20 拧入，严禁直接锤击钉入。

4.3.3 固定片的位置应距门窗角、中竖框、中横框 150～200mm，固定片之间的间距应不大于 600mm。不得将固定片直接装在中横框、中竖框的挡头上。

4.4 门窗安装

4.4.1 根据设计图纸及门窗扇的开启方向，确定门窗框的安装位置，并把门窗框装入洞口，并使其上下框中线与洞口中线对齐。安装时应采取防止门窗变形的措施。无下框平开门应使两边框的下脚低于地面标高线 30mm。带下框的平开门或推拉门应使下框低于地面标高线 10mm。然后将上框的一个固定片固定在墙体上，并应调整门框的水平度、垂直度和直角度，用木楔临时固定。当下框长度大于 0.9m 时，其中间也用木楔塞紧。然后调整垂直度、水平度及直角度。

4.4.2 当门窗与墙体固定时，应先固定上框，后固定边框。固定方法如下：

1 混凝土墙洞口采用塑料膨胀螺钉固定。

2 砖墙洞口采用塑料膨胀螺钉或水泥钉固定，并不得固定在砖缝上。

3 加气混凝土砌块洞口，应采用木螺钉将固定片固定在胶粘圆木上。

4 设有预埋铁件的洞口应采取焊接的方法固定，也可先在预埋件上按紧固件规格打孔，然后用紧固件固定。

5 设有防腐木砖的墙面，采用木螺钉把固定片固定在防腐木砖上。

4.4.3 安装门连窗和组合窗时采用拼樘料与洞口的连接应符合下列要求：

1 安装门连窗时，门与窗应采用拼樘料拼接，拼樘料下端应固定在窗台上。

2 拼樘料与混凝土过梁或柱子的连接，应采用与预埋铁件焊接的方法固定，也可先在预埋件上连接紧固件，然后用紧固件固定。

3 拼樘料与砖墙连接时，应先将拼樘料两端插入预留洞中，然后用强度等级为 C20 的干硬性细石混凝土填塞固定。

4 两窗框与拼樘料卡接后应用紧固件双向拧紧，其间距应小于或等于 600mm；紧固件端头及拼樘料与窗框间的缝隙应采用嵌缝膏进行密封处理。

4.5 嵌缝

4.5.1 门窗框与洞口之间的缝隙内腔应采用闭孔泡沫塑料、发泡聚苯乙烯等弹性材料分层填塞，填塞不宜过紧。

4.5.2 门窗洞口内侧与门窗框之间用水泥砂浆或掺有纤维的水泥混合砂浆填实抹平；靠近铰链一侧，灰浆压住门窗框的厚度以不影响门窗扇的开启为限。

4.5.3 待外墙水泥砂浆硬化后，其外侧用嵌缝膏进行密封处理。

4.6 五金配件安装

4.6.1 安装前应检查门窗开启关闭是否灵活。五金配件应按产品说明书中的方法安装牢固、使用灵活。

4.6.2 在其相应位置的型材内增设 3mm 厚的金属衬板，其安装位置及数量应符合现行有关标准的规定。

4.7 纱门窗扇安装

裁纱应比实际长度、宽度各长 50mm，以利压纱。绷纱时先用压条将上、下窗纱绷紧压实，再压两侧，并用螺钉固定。最后将边角多余的窗纱用扁铲割干净。

5 质量标准

5.1 主控项目

5.1.1 塑料门窗的品种、类型、规格、尺寸、开启方向、安装位置、连接方式及填嵌密封处理应符合设计要求，内衬增强型钢的壁厚及设置应符合国家现行产品标准的质量要求。

5.1.2 塑料门窗框、副框和扇的安装必须牢固。固定片或膨胀螺栓的数量与位置应正确，连接方式应符合设计要求，固定点应距窗角、中横框、中竖框 150～200mm，固定点间距应不大于 600mm。

5.1.3 塑料门窗拼樘料内衬增强型钢的规格、壁厚必须符合设计要求，型钢应与型材内腔紧密吻合，其两端必须与洞口固定牢固。窗框必须与拼樘料连接紧密，固定点间距应不大于 600mm。

5.1.4 塑料门窗扇应开关灵活、关闭严密，无倒翘。推拉门窗扇必须有防脱落措施。

5.1.5 塑料门窗配件的型号、规格、数量应符合设计要求，安装应牢固，位置应正确，功能应满足使用要求。

5.1.6 塑料门窗框与墙体间缝隙应采用闭孔弹性材料填嵌饱满，表面应采用密封胶密封。密封胶应粘接牢固，表面应光滑、顺直、无裂纹。

5.2　一般项目

5.2.1 塑料门窗表面应洁净、平整、光滑，大面应无划痕，碰伤。

5.2.2 塑料门窗扇的密封条不得脱槽。旋转窗间隙应基本均匀。

5.2.3 塑料门窗扇的开关力应符合下列规定：

1　平开门窗扇平铰链的开关力应不大于 80N；滑撑铰链的开关力应不大于 80N，并不小于 30N。

2　推拉门窗扇的开关力应不大于 100N。

5.2.4 玻璃密封条与玻璃及玻璃槽口的连缝应平整，不得卷边、脱槽。

5.2.5 排水孔应畅通，位置和数量应符合设计要求。

5.2.6 塑料门窗安装的允许偏差和检验方法应符合表 5-2 的规定。

塑料门窗安装的允许偏差和检验方法　　　　表 5-2

项次	项目		允许偏差（mm）	检查方法
1	门窗框外形（宽、高）尺寸长度差	≤1500	2	用钢卷尺检查
		>1500	3	
2	门窗框两对角线长度差	≤2000	3	用钢卷尺检查
		>2000	5	
3	门窗框（含拼樘料）正、侧面垂直度		3	用 1m 垂直检测尺检查
4	门窗框（含拼樘料）水平度		3	用 1m 水平尺和塞尺检查
5	门窗下横框的标高		5	用钢尺检查，与基准线比较
6	门窗竖向偏离中心		5	用钢直尺检查
7	双层门窗内外框间距		4	用钢卷尺检查
8	平开门窗及上悬、下悬、中悬窗	门窗扇与框搭接宽度	2	用深度尺或钢直尺检查
		同樘平开门窗相邻扇高度差	2	用靠尺和钢直尺检查
		门窗框扇四周的配合间隙	1	用楔形塞尺检查

续表

项次	项目		允许偏差（mm）	检查方法
9	推拉门窗	门窗扇与框搭接宽度	2	用深度尺或钢直尺检查
		门窗扇与框或相邻扇立边平行度	2	用钢直尺检查
10	组合门窗	平整度	3	用2m靠尺和钢直尺检查
		缝直线度	3	用2m靠尺和钢直尺检查

6 成品保护

6.0.1 门窗在安装过程中，应采取防护措施，不得污损。

6.0.2 已安装门窗框、扇的洞口，不得再作运料通道。

6.0.3 严禁在门窗框扇上支脚手架、悬挂重物；脚手架不得压在门窗框、扇上，并严禁蹬踩门窗或窗撑。

6.0.4 进行粉刷或电、气焊作业时，应有遮挡措施，防止污染或电气焊火花烧伤面层。

6.0.5 门窗扇安装后应及时安装五金配件，并关窗锁门，以防风大损坏门窗。

6.0.6 门窗框、扇上粘有水泥砂浆时，应在其硬化前用湿布及时擦干净，不得使用硬质材料铲刮，以防划伤门窗表面。

7 注意事项

7.1 应注意的质量问题

7.1.1 塑料门窗在运输、保管和施工过程中，应采取防止其损坏或变形的措施。

1 门窗放置在清洁、平整的地方，避免日晒雨淋，并不得与腐蚀物质接触。门窗下部应放置垫木，且均匀立放，立放角度不应小于70°，并应采取防倾倒措施。

2 贮存门窗的环境温度应小于50℃，与热源的距离不应小于1m。门窗在安装现场放置的时间不应超过两个月。当在环境温度为0℃的环境中存放门窗时，安装前应在室温下放置24h。

3　装运门窗的运输工具应设有防雨措施，并保持清洁。运输门窗时，应竖立排放并固定牢靠，防止颠震损坏。樘与樘之间应用软质材料隔开；五金配件也应相互错开，以免相互磨损或压坏五金配件。

4　装卸门窗应轻拿、轻放，不得撬、甩、摔。吊运门窗时，其表面应采用软质材料衬垫，并在门窗外框选择牢靠平稳的着力点，不得在框扇内插入抬杠起吊。

7.1.2　安装完毕的门窗框应保证其刚度，根据墙体结构采用不同的固定方法；组合窗、门连窗的拼樘料应设增强型钢，上下端按规定固定。

7.1.3　门窗框周边应用密封材料嵌填或封闭，设排水孔。

7.1.4　门窗填嵌框缝时，填塞不宜过紧，连接螺钉不应直接锤击入内。

7.1.5　保护膜不宜过早撕掉；门窗口作为运料通道时，应有保护措施。

7.2　应注意的安全问题

7.2.1　安装门窗用的梯子必须结实牢固，不应缺档，不应放置过陡，梯子与地面夹角以 60°～70° 为宜。严禁两人同时站在一个梯子上作业。高凳不能站其端头，防止跌落。

7.2.2　安装门窗、玻璃或擦玻璃时，严禁用手攀窗框、窗扇和窗撑；操作时应系好安全带，严禁把安全带挂在窗撑上。

7.2.3　进入现场必须戴安全帽。严禁穿拖鞋、高跟鞋、带钉易滑或光脚进入现场。

7.2.4　电工、焊工等特殊工种操作人员必须持上岗证。从事电、气焊或气割作业前，应清理作业周围的可燃物体或采取可靠的隔离措施。对需要办理动火证的场所，在取得相应手续后方可动工，并设专人进行监护。

7.2.5　施工用电应执行《施工现场临时用电安全技术规范》JGJ 46 的有关规定。

7.2.6　作业场所应配备齐全可靠的消防器材。作业场所不得存放易燃物品，并严禁吸烟或动用明火。

7.3　应注意的绿色施工问题

7.3.1　在施工过程中对于电锤等施工机具产生的噪声，施工人员应严格按工程确定的绿色施工措施进行控制。

7.3.2　禁止将废弃的塑料制品在施工现场丢弃、焚烧，以防止有毒有害气体伤害人体。

7.3.3 废弃物按指定位置分类储存，集中处置。

7.3.4 施工后的废料应及时清理，做到工完料净场清，坚持文明施工。

8 质量记录

8.0.1 塑料门窗及五金配件的出厂合格证、性能检测报告和进场验收记录。

8.0.2 塑料窗抗风压性能、空气渗透性能和雨水渗漏性能复验报告。

8.0.3 嵌缝、密封材料产品合格证书。

8.0.4 隐蔽工程检查验收记录。

8.0.5 塑料门窗安装工程检验批质量验收记录。

8.0.6 塑料门窗安装分项工程质量验收记录。

8.0.7 其他技术文件。

第6章　复合门窗安装

本工艺标准适用于工业与民用建筑的复合门窗安装。

1　引用标准

《建筑工程施工质量验收统一标准》GB 50300—2013

《建筑装饰装修工程施工质量验收标准》GB 50210—2018

《住宅装饰装修工程施工规范》GB 50327—2001

《铝合金门窗》GB/T 8478—2008

《木门窗》GB/T 29498—2013

2　术语（略）

3　施工准备

3.1　作业条件

3.1.1　主体结构质量经验收合格，工种之间已办好交接手续，并弹好室内50cm水平线。

3.1.2　检查门窗洞口尺寸及标高是否符合设计要求。有预埋件的门窗口还应检查预埋件的数量、位置及埋设方法是否符合设计要求。

3.1.3　进场前检查复合门窗，如有劈棱窜角和翘曲不平、偏差超标、表面损伤、变形及松动、外观色差较大者，应进行修理或退换，验收合格后才能安装。

3.1.4　复合门窗的保护膜应完整，如有破损应补贴后再安装。

3.2　材料及机具

3.2.1　铝型材：《铝合金建筑型材》GB 5237标准的铝型材、隔热型材，基材符合6063T5标号，内平开窗、内开内倒窗主要受力型材实际壁厚≥1.4mm。

型材表面为静电粉末喷涂工艺处理，采用一级耐候树脂，质量达到《铝合金建筑型材》GB 5237 标准。最终颜色见封样色板。其中断桥隔热条为 PA66GF25 材料，型材使用专用 C、CU、CT 隔热条，铝合金型材槽口为 U 形标准槽，压条为方压条，采用竖压横安装工艺。主型材截面主要受力部位基材最小实测壁厚，外窗不低于 1.4mm。

3.2.2 铝型材、五金件、塑料胀栓、纱窗、密封胶条、钢副框、中性硅酮防水密封胶等原材料质量控制在购料前，工程技术人员首先对材料的材质及性能进行详细的检查、检测，符合要求始进行订货。原材料进场后应对其表观质量、尺寸进行检验，并应有生产厂家的产品质量证明书。

3.2.3 机具：切割机、电焊机、砂轮机、钻铣机、手电钻、注胶大胶枪、电锤、十字螺丝刀、圆规、锤子、塞尺、盒尺、钢板尺、铁水平尺、线坠、木楔、卡具、笤帚等。

4　操作工艺

4.1　工艺流程

放线找规矩 → 确认安装基准 → 安装钢副框 → 填充发泡剂 → 土建收口 → 安装主框 → 窗扇安装及打胶 → 安装门 → 安装窗五金配 → 纱门窗扇安装 → 清理、清洗

4.2　放线找规矩

4.2.1　上墙安装前，首先检查洞口表面平整度、垂直度是否符合规范要求，并对基准线进行复核。

4.2.2　根据弹出的 0.5m 水平线测出每个窗洞口的平面位置、标高及洞口尺寸等偏差。要求洞口宽度、高度允差±10mm，洞口垂直水平度偏差全长最大不超过 10mm。对于不符合条件的洞口，在窗副框安装前对超差洞口进行修补。

4.3　确认安装基准

4.3.1　根据实测的窗洞口偏差值，进行数理统计，根据统计结果最终确定每个门窗安装的平面位置及标高。

4.3.2　门窗的水平位置应以楼层室内 0.5m 的水平线为准，确定门窗口的

水平位置，弹线找直。每一层必须保证窗口标高一致。

4.3.3 根据墙身大样图及窗台板宽度，确定门窗安装的平面位置，在侧面墙上弹出竖向控制线。

4.3.4 逐个清理洞口。

4.4 安装钢副框

4.4.1 钢副框安装在主体结构的门窗洞口成型后进行。按照作业计划将即将安装的钢副框运到指定位置，同时注意其表面的保护。

4.4.2 严格按照图纸设计安装点采用塑料胀栓安装。

4.4.3 将副框放入洞口，按照调整后的安装基准线准确安装副框并找正。将副框与主体结构用塑料胀栓连接，安装点间距为小于 600mm。根据所用位置不同，膨胀螺栓分别选用 M8×100 及 M8×80 两种，保证进入结构墙体的长度不小于 50mm。

4.5 填充发泡剂

副框周围用发泡剂紧密、均匀填充。

4.6 土建收口

室内、外侧对于钢副框的收口，成活面不得高出副框内口面。最佳效果是与副框内口平齐，卫生间厨房间低于副框 2cm 便于业主装修。

4.7 安装主框

4.7.1 主框在外保温施工完闭进行安装。窗扇随着主框一起安装；窗扇可以在地面组装好，也可以在主框安装完毕验收后再行安装。

4.7.2 根据钢副框的分格尺寸找出中心，确定上下左右位置，由中心向两边按分格尺寸安装窗的主框。

1 将框、扇先后运输到需安装的各楼层，由工人运到安装部位。

2 现场安装时应先对清图号、框号以确认安装位置。安装工作由顶部开始向下安装。

3 上墙前对组装的窗进行复查，如发现有组装不合格者，或有严重碰、划伤者，缺少附件等应及时加以处理。

4 将主框放入洞口，严格按照设计安装点将主框通过安装螺母调整。

5 主框安装完毕后，根据图纸要求安装窗扇；主框与窗扇配合紧密、间隙均匀；窗扇与主框的搭接宽度允许偏差±1mm。

6 窗附件必须安装齐全、位置准确、安装牢固，开启或旋转方向正确、启闭灵活、无噪声，承受反复运动的附件在结构上应便于更换。

4.8 门窗安装及打胶

4.8.1 注发泡剂、打胶等密封工作在保温面层及主框施工完毕外墙涂料施工前进行。

4.8.2 首先用压缩空气清理窗框周边预留槽内的所有垃圾，然后向槽内打发泡剂，并使发泡剂自然溢出槽口；清理溢出的发泡剂，然后将基层表面尘土、杂物等清理干净，放好保护胶带后进行打胶。注胶完成后将保护纸撕掉、擦净窗主框、窗台表面（必要时可以用溶剂擦拭）。注胶后注意保养，胶在完全固化前不要被粘灰和碰伤胶缝。最后做好清理工作。

4.8.3 拼樘料与混凝土过梁的连接要用焊接方法或先在预埋件上按紧固件规格打基孔，然后用紧固件固定。

4.8.4 拼樘料与砖墙连接时，应先将拼樘料两端插入预留洞中，待土建方应用强度等级为 C20 的细石混凝土浇灌固定。

4.8.5 组合窗应采用拼条将两窗框卡接，卡接后应用紧固件双向拧紧，其间距应小于或等于 600mm；紧固件端头及拼樘料与窗框间的缝隙应采用嵌缝膏进行密封处理。

4.8.6 装副框后安装单窗或组合窗的间隙≤1mm；同时应在安装门窗前在左、右框上预打 $\phi 8$ 的固定孔及 $\phi 10$ 工艺孔。

4.8.7 安装时中间采用中梃及外框连接的大型窗，上下框四角及窗的中横框的对称位置，应采用木楔塞紧或用紧线带拉紧，临时固定后在连接；其固定方式及拼接间隙应符合表 6-1 规定：

拼接、连接间隙标准   表 6-1

序号	项目	切割角度	技术要求（mm）	检测工具	备注
1	框料与窗框拼接	45°	0.1	用楔形塞尺检查	
		90°			
2	窗框与窗框拼接	0°～180°	0.2	用楔形塞尺检查	应采用拼樘料及转角料
3	中梃与窗框拼接	90°	0.1	用楔形塞尺检查	
4	玻璃压条	45°	0.2	用楔形塞尺检查	
		90°			

4.8.8 窗框与洞口之间的伸缩缝内腔应采用发泡聚苯乙烯弹性材料填塞。

4.8.9 窗扇应待水泥砂浆硬化后安装，铰链部位配合间隙的允许偏差及门框、门扇的搭接量应符合规范标准的规定；窗扇开启方向应根据设计图纸要求确定。

4.9　安装门

4.9.1 门的安装应在地面施工前进行。

4.9.2 应将门搬到相应的洞口旁竖放，当发现保护膜脱落时，应补贴保护膜，在门框及洞口画垂直中线。

4.9.3 应根据设计图纸及门扇的开启方向，确定门框的安装位置，并把门框装入洞口，安装时应采取防止门框变形的措施，无下框平开门应使两边框的下脚低于地面标高线，然后，将上框的一个固定片固定在洞口墙体上，立即调整门框的水平度、垂直度和直角度，并用木楔临时定位。

4.9.4 当安装门连窗时，门与窗应采用拼樘料拼接，拼樘料下端应固定在窗台上。

4.9.5 门框与洞口缝隙的处理，用聚氨酯发泡剂填塞。

4.9.6 门扇应待水泥砂浆硬化后安装；门扇开启方向应根据设计图纸要求确定。

4.10　安装五金配件

4.10.1 安装前应检查门窗开启关闭是否灵活。安装的五金配件应按产品说明书安装牢固，使用灵活。

4.10.2 门锁与执手等五金配件应安装牢固、位置准确、开关灵活。

4.11　纱门窗扇安装

裁纱应比实际长度、宽度各长 50mm，以便压纱。绷纱时先用压条将上、下窗纱绷紧压实，再压两侧，并用螺钉固定。最后将边角多余的窗纱用扁铲割干净。

4.12　清理、清洗

门表面及门窗（框）上若沾有水泥砂浆，应在其硬化前，用湿布擦拭干净，不得使用硬质材料铲刮窗（框）扇表面。

5　质量标准

5.1　主控项目

5.1.1 复合门窗的品种、类型、规格、性能、开启方向、安装位置、连接方式及型材壁厚应符合设计要求。门窗的防腐处理及嵌缝、密封处理应符合设计要求。

5.1.2 复合门窗框必须安装牢固。框与墙体连接方式、固定点位置和间距应符合设计要求。

5.1.3 复合门窗扇必须安装牢固，并应开关灵活、关闭严密，无倒翘。推拉门窗扇必须有防脱落措施。

5.1.4 复合窗配件的型号、规格、数量应符合设计要求，安装应牢固，位置应正确，功能应满足使用要求。

5.2 一般项目

5.2.1 复合门窗表面应洁净、平整、光滑、色泽一致，无锈蚀。大面应无划痕、碰伤。漆膜或保护层应连续。

5.2.2 复合门窗推拉门窗扇开关力应不大于100N。

5.2.3 复合门窗框与墙体之间的缝隙应填嵌饱满，密封胶表面光滑、顺直、厚度一致、无裂纹。

5.2.4 复合门窗扇的橡胶密封条或毛毡密封条应安装完好，不得脱槽。

5.2.5 有排水孔的复合门窗，排水孔应畅通，位置和数量应符合设计要求。

5.2.6 复合门窗安装的允许偏差和检验方法应符合表6-2规定。

门窗装配各项规范允许偏差 表6-2

项目		允许偏差（mm）	检验方法
门窗槽口宽度、高度构造内侧尺寸	＜2000mm	±1.5	用精度1mm钢卷尺，测量槽口外框内端面，测量部位距端部100mm
	≥2000且＜3500mm	±2.0	
	≥3500mm	±2.5	
门窗框两对角线长度差	＜3000mm	2	用精度1mm钢卷尺，测量内角
	≥3000且＜5000mm	3	
	＞5000mm	4	
门窗框（含拼樘料）正、侧面垂直度		2.5	用1m垂直检测尺检查
门窗横框（含拼樘料）的水平度		2	用1mm水平尺和精度0.5mm塞尺检查
门窗横框的标高		5	用精度1mm钢直尺检查，与基准线比较
门窗竖向偏离中心		5	用精度1mm钢板尺检查
双层门窗内外框间距		4	用精度1mm钢板尺检查

续表

项目			允许偏差（mm）	检验方法
平开门窗及上悬、下悬、中悬窗	门、窗扇与框搭接宽度	门	2.0	用深度尺或精度0.5mm钢板尺检查
		窗	1.0	
	同樘门、窗相邻扇的水平高度差		2.0	用靠尺或精度0.5mm钢板尺检查
	门、窗框扇四周的配合间隙		1.0	用楔形塞尺检查
推拉门窗	门、窗扇与框搭接宽度	门	2.0	用深度尺或精度0.5mm钢直尺检查
		窗	1.5	
	门、窗扇与框或相邻扇立边平行度		2.0	用精度0.5mm钢板尺检查
组合门窗	平面度		2.0	用2m靠尺和精度0.5mm钢直尺检查
	竖缝直线度		2.5	用2m靠尺和精度0.5mm钢直尺检查
	横缝直线度		2.5	用2m靠尺和精度0.5mm钢直尺检查
隐框窗	胶缝宽度		2.0	用精度0.5mm钢板尺检查
	相邻面板平面度		0.4	用精度0.1mm深度尺检查

6 成品保护

6.0.1 未上墙的框料，在工地临时仓库存放，要求类别、尺寸摆放整齐。

6.0.2 框料上墙前，撤去包裹编织带；但框料表面粘贴的工程保护胶带不得撕掉，以防止室内外抹灰、刷涂料时污染框料。主框、窗扇表面的保护胶带应在本层外墙涂料、室内抹灰完毕及外脚手架拆除后撕掉。

6.0.3 窗框与墙面打密封胶及喷涂外墙涂料时，应在玻璃主框及窗扇上贴分色纸，防止污染框料及玻璃。

6.0.4 加强现场监管，防止拆除脚手架时碰撞框料表面，以防造成变形及表层损坏。

6.0.5 在窗附近进行电焊或使用其他热源时，必须采取适当措施，以防造成型材表层受损。

7 注意事项

7.1 应注意的质量问题

7.1.1 复合门窗安装前应认真检查，发现翘曲和窜角，应及时校正修理，检查合格后再进行安装。

7.1.2 施工前放线找规矩，安装时应挂线。确保门窗上下顺直，左右标高一致。

7.1.3 当门窗组合时，接缝应平整，不劈棱、不窜角。

7.1.4 施工时应注意成品保护，及时清理面层污染。不得使用硬物清理门窗表面污染物。

7.1.5 涂抹密封材料前，基层应清理干净，密封膏厚度一致、宽窄一致。

7.1.6 门窗框应固定牢固，水平度、垂直度、对角线均应合格。

7.2 应注意的安全问题

7.2.1 高空作业人员应戴好安全帽、系好安全带，安全带严禁系挂在窗梃或窗扇上。

7.2.2 施工用电应执行《施工现场临时用电安全技术规范》JGJ 46 的有关规定。

7.2.3 操作时严禁将射钉枪的枪口对人，操作者应戴防护眼镜。

7.2.4 安装门窗时，严禁用手攀窗框、窗扇和窗撑；操作时应系好安全带，严禁把安全带挂在窗撑上。安装外门窗时，材料及工具应妥善放置，其垂直下方严禁有人。

7.2.5 安装门窗时若使用梯子，梯子必须结实牢固，不应缺档，不应放置过陡，梯子与地面夹角以 60°～70°为宜。严禁两人同时站在一个梯子上作业。使用高凳时不能站其端头，防止跌落。

7.2.6 作业场所应配备齐全可靠的消防器材。作业场所不得存放易燃物品，并严禁吸烟或动用明火。

7.2.7 电工、焊工等特殊工种操作人员必须持上岗证。从事电、气焊或气割作业前，应清理作业周围的可燃物体或采取可靠的隔离措施。对需要办理动火证的场所，在取得相应手续后方可动工，并设专人进行监护。

7.3 应注意的绿色施工问题

7.3.1 在施工过程中对于电锤等施工机具产生的噪声，施工人员应严格按工程确定的绿色施工措施进行控制。

7.3.2 废弃物按指定位置分类储存，集中处置。

7.3.3 施工后的废料应及时清理，做到工完料净场清，坚持文明施工。

8 质量记录

8.0.1 复合门窗及五金配件的出厂合格证、性能检测报告和进场验收记录。

8.0.2 复合窗抗风压性能、空气渗透性能和雨水渗漏性能复验报告。

8.0.3 隐蔽工程检查验收记录。

8.0.4 施工记录。

8.0.5 金属门窗安装工程检验批质量验收记录。

8.0.6 金属门窗安装分项工程质量验收记录。

8.0.7 其他技术文件。

第7章 钢、木门窗玻璃安装

本工艺标准适用于工业与民用建筑的钢、木门窗玻璃安装。

1 引用标准

《建筑工程施工质量验收统一标准》GB 50300—2013

《建筑装饰装修工程施工质量验收标准》GB 50210—2018

《住宅装饰装修工程施工规范》GB 50327—2001

《建筑玻璃应用技术规程》JGJ 113—2015

2 术语（略）

3 施工准备

3.1 作业条件

3.1.1 玻璃应在内外门窗或隔断框扇安装校正、五金件安装合格及框、扇涂刷最后一道油漆前进行安装。

3.1.2 钢门窗正式安装玻璃前，要检查是否有扭曲及变形等情况，如有则应整修和挑选后，再安装玻璃。

3.1.3 安装玻璃所用的脚手架及高凳应提前准备好。

3.1.4 由市场买到的成品油灰，或者使用熟桐油等天然干性油自行配制的油灰，可直接使用；如用其他油料配制的油灰，必须经过试验合格后方可使用，以防造成浪费。

3.1.5 裁割、安装玻璃作业时应在正温度以上；由寒冷处运到正温处的玻璃，应放置 2h 左右方可进行裁割和安装。

3.2 材料及机具

3.2.1 玻璃和玻璃砖的品种、规格和颜色应符合设计要求，其质量应符合国家现行有关产品标准，有产品出厂合格证。

3.2.2 采光天棚玻璃，如设计无要求时，宜采用夹层、夹丝、钢化以及由其组成的中空玻璃。

3.2.3 油灰采用商品油灰，也可参照表7-1中的质量比自行配制。

配制油灰的质量比 表7-1

成分		质量比
碳酸钙（大白粉）		100
混合油		13～14
混合油配合比	三线脱蜡油	63
	熟桐油	30
	硬脂酸	2.1
	松香	4.9

油灰应具有塑性、不泛油、不粘手等特征，且柔软、有拉力、支撑力，为灰白色的稠塑性固体膏状物；油灰涂抹后，常温应在20昼夜内硬化；延展度应为55～66mm；冻融性为−30℃每次6h，反复5次不裂、不脱框；耐热性为60℃每次6h，反复5次不流、不淌、不起泡；粘结力为不小于0.5MPa。

3.2.4 其他材料：红丹、铅油、玻璃钉、钢丝卡子、油绳、橡皮垫、木压条、煤油等。

3.2.5 机具：工作台、玻璃刀、尺板、钢卷尺（3m）、木折尺、克丝钳、扁铲、油灰刀、木柄小锤、方尺、棉丝或抹布、毛笔、工具袋、脚手架及高凳、安全带等。

4 操作工艺

4.1 工艺流程

清理窗扇 → 玻璃裁制 → 镶嵌玻璃 → 刮油灰，净边

4.2 清理窗扇

安装玻璃前，应将钢木框扇裁口内的乳胶或焊渣等杂物清理干净。

4.3 玻璃裁制

4.3.1 玻璃安装前应按照设计要求的尺寸并参照实测尺寸，预先集中裁制，

47

裁制好的玻璃，应按不同规格和安装顺序码放在安全地方备用。

4.3.2 集中加工后进场的半成品，应有针对性地选择几樘进行试安装，提前核实来料的尺寸留量，长宽各应缩小 1 个裁口宽的四分之一（一般每块玻璃的上下余量 3mm，宽窄余量 4mm），边缘不得有斜曲或缺角等情况，必要时应做再加工处理或更换。

4.3.3 将需要安装的玻璃，按部位分规格、数量分别将已裁好的玻璃就位；分送的数量应以当天安装的数量为准，不宜过多，以减少搬运和减少玻璃的损耗。

4.3.4 玻璃安装前应清理裁口。先在玻璃底面与裁口之间，沿裁口的全长均匀涂抹 1～3mm 厚的底油灰，接着把玻璃推铺平整、压实，然后收净底灰。

4.4 镶嵌玻璃

4.4.1 安装木框扇玻璃时，如采用铁钉固定，应先将裁口处抹上底油灰，再将玻璃推平、压实，四边分别钉上钉子，钉子的间距为 200～250mm，每边应不少于 2 个钉子，钉完后用手轻敲玻璃，响声坚实，说明玻璃安装平实；如果响声啪啦啪啦，说明油灰不严，要重新取下玻璃，铺实底油灰后，再推压挤平，然后用油灰填实，将灰边压平压光；如采用木压条固定时，应先将框扇上的木压条撬出，同时退出压条上的钉子，并在裁口处抹上底油灰，把玻璃推揉压平，然后把已抹刮油灰的木压条压入钉牢。

4.4.2 钢门窗安装玻璃，应用钢丝卡固定，钢丝卡间距不得大于 300mm，且每边不得少于 2 个，并用油灰填实抹光；如果采用橡皮垫，应先将橡皮垫嵌入裁口内，并用压条和螺丝钉加以固定。

4.4.3 安装斜天窗的玻璃，如设计无要求时，应采用夹丝玻璃，并应从顺流水方向盖叠安装，盖叠搭接的长度应视天窗的坡度而定，当坡度等于或大于 1/4 时，不小于 30mm；坡度小于 1/4 时，不小于 50mm；盖叠处应用钢丝卡固定，并在缝隙中用密封膏嵌填密实；如采用平板玻璃时，要在玻璃下面加设一层镀锌铅丝网。

4.4.4 安装彩色玻璃和压花玻璃，应按照设计图案仔细裁割，拼缝必须吻合，不允许出现错位松动和斜曲等缺陷。

4.4.5 玻璃砖的安装应符合下列规定：

1 安装玻璃砖的墙、隔断和顶棚的骨架，应与结构连接牢固。

2 玻璃砖应排列均匀整齐，图形符合设计要求，表面平整，嵌缝的油灰或密封膏应饱满密实，并形成凹缝。

4.4.6 阳台、楼梯间或楼梯栏板等围护结构安装钢化玻璃时，应按设计要求用卡紧螺丝或压条镶嵌固定；在玻璃与金属框格相连接处，应衬垫橡皮条或塑料垫。

4.4.7 安装压花玻璃或磨砂玻璃时，压花玻璃的花面应向室外，磨砂玻璃的磨砂面应向室内。

4.4.8 安装玻璃隔断时，隔断上框的顶面应有适量缝隙，以防止结构变形，将玻璃挤压损坏。

4.4.9 死扇玻璃安装，应先用扁铲将木压条撬出，同时退出压条上小钉子，并将裁口处抹上底油灰，把玻璃推铺平整，然后嵌好四边木压条将钉子钉牢，将底灰修好、刮净。

4.4.10 安装中空玻璃及面积大于 0.65m² 的玻璃时，安装于竖框中玻璃，应放在两块定位垫块上，定位垫块距玻璃垂直边缘的距离宜为玻璃宽的 1/4，且不宜小于 150mm。安装窗中玻璃，按开启方向确定定位垫块位置，定位垫块宽度应大于玻璃的厚度，长度不宜小于 25mm，并应符合设计要求。

4.4.11 油灰应与玻璃成 45°角，表面光滑齐整，正面看不到油灰，背面看不到裁口。

4.5 刮油灰，净边

玻璃安装完成后，应进行清理，将油灰、钉子、钢丝卡及木压条等清理干净，关好门窗。

5 质量标准

5.1 主控项目

5.1.1 玻璃品种、规格、尺寸、色彩、图案及涂膜朝向必须符合设计要求。单块玻璃大于 1.5m² 时应使用安全玻璃。

5.1.2 门窗玻璃裁割尺寸应正确，安装后的玻璃应牢固，不得有裂纹、损伤和松动。

5.1.3 玻璃的安装方法应符合设计要求。固定玻璃的钉子或钢丝卡的数量和规格应保证玻璃安装牢固。

5.1.4 镶钉木压条接触玻璃处，应与裁口边缘平齐。木压条应互相紧密连接，并与裁口边缘紧贴，割角应整齐。

5.2 一般项目

5.2.1 玻璃表面应洁净，不得有腻子、密封胶、涂料等污渍。中空玻璃内外表面均应洁净，玻璃中空层内不得有灰尘和水蒸气。

5.2.2 门窗玻璃不应直接接触型材。单面镀膜玻璃的镀膜层及磨砂玻璃的磨砂面应朝向室内。中空玻璃的单面镀膜玻璃应在最外层，镀膜层应朝向室内。

5.2.3 腻子应填抹饱满、粘结牢固；腻子边缘与裁口应平齐。固定玻璃的卡子不应在腻子表面显露。

6 成品保护

6.0.1 门窗玻璃安装完成后，应派专人看管维护，每日应按时开关门窗，以减少玻璃的损坏。

6.0.2 门窗玻璃安装后，应随手挂好风构或插上插销，防止刮风损坏玻璃，并将多余的破碎的玻璃及时送库或清理干净。

6.0.3 对于面积较大、造价昂贵的玻璃，宜在栋号交验之前安装，如需要提前安装时，应采取妥善的保护措施，防止损伤玻璃而造成损失。

6.0.4 玻璃安装时，操作人员要加强对窗台及门窗口抹灰等项目的成品保护。

7 注意事项

7.1 应注意的质量问题

7.1.1 底油灰铺垫不严：用平指敲弹玻璃时有响声，如固定扇底油灰不严，则易出现这种情况。应在铺底灰及嵌钉固定时，认真操作并仔细检查。

7.1.2 油灰棱角不整齐，油灰表面凹凸不平：最后收刮油灰时平要稳，倒角部要刮出八字角，不可一次刮下。

7.1.3 表面观感差：油灰表面不光，有麻面、皱皮现象，防止此种现象就要认真操作，油灰的质量应保证，温度要适宜，不干、不软。

7.1.4 木压条、钢丝卡子、橡皮垫等附件安装时应经过挑选，防止出现变形，影响玻璃美观；污染的斑痕要及时擦净；如钢丝卡子露头过长，应事先剪断。

7.2　应注意的安全问题

7.2.1　搬运玻璃时，应戴手套或用柔软材料垫住边口，以免划伤。搬运、安装大玻璃时应注意风向，以确保安全。

7.2.2　安装窗扇玻璃时，不得在垂直方向的上下层同时作业，并应与其他作业错开，防止坠物伤人。

7.2.3　进入现场必须戴安全帽。严禁穿拖鞋、高跟鞋、带钉易滑或光脚进入现场。

7.2.4　高空作业必须系好安全带，施工部位下方及附近禁止行人通过，避免玻璃或工具掉落伤人。

7.2.5　安装外窗扇玻璃时，玻璃不宜放在外架上。

7.2.6　施工用电应执行《施工现场临时用电安全技术规范》JGJ 46 的有关规定。

7.3　应注意的绿色施工问题

7.3.1　对于施工中的油漆、稀料、胶、涂料在运送中要避免遗洒，以免污染地面。

7.3.2　玻璃裁割应集中进行，边角废料及时处理。

7.3.3　施工后的废料应及时清理，做到工完料净场清，做好文明施工。

8　质量记录

8.0.1　玻璃的出厂合格证、性能检测报告和进场验收记录。

8.0.2　施工记录。

8.0.3　门窗玻璃安装工程检验批质量验收记录。

8.0.4　其他技术文件。

第8章 铝合金、塑料、复合门窗玻璃安装

本工艺标准适用于工业与民用建筑的铝合金、塑料、复合门窗玻璃安装。

1 引用标准

《建筑工程施工质量验收统一标准》GB 50300—2013

《建筑装饰装修工程施工质量验收标准》GB 50210—2018

《住宅装饰装修工程施工规范》GB 50327—2001

《建筑玻璃应用技术规程》JGJ 113—2015

2 术语（略）

3 施工准备

3.1 作业条件

3.1.1 玻璃安装应在门窗五金已装好，工程即将交工前进行。

3.1.2 玻璃安装前应对安装的框、扇几何尺寸、表面平整度、拼接节点等是否牢固进行认真的检查。

3.1.3 根据安装需要将玻璃运到指定地点，并按安装顺序码放于安全处备用。

3.1.4 安装所需的定位垫片，橡胶条，密封胶等应提前准备运到现场备用。

3.1.5 安装玻璃所用的脚手架及高凳等提前准备好。

3.1.6 裁割、安装玻璃作业时应在正温度以上；由寒冷处运到正温度处的玻璃，应放置 2h 左右方可进行裁割和安装。

3.2 材料及机具

3.2.1 玻璃的品种、规格及质量应符合设计要求及国家现行有关产品标准的规定，进场的玻璃必须有出厂合格证。

3.2.2 定位垫块、橡胶压条、密封胶等的规格、品种、断面尺寸、颜色、性能应符合设计要求；配套使用时，其材料性能必须相容。

3.2.3 玻璃胶的选用应与铝合金相匹配，并应有出厂合格证。

3.2.4 主要机具：工作台、玻璃刀、直尺、钢丝钳、毛笔、手动吸盘、电动真空吸盘、电动吊篮、运玻璃小车、钢卷尺、工具袋、抹布或棉丝、安全带、注胶枪、脚手架及高凳等。

4 操作工艺

4.1 工艺流程

清理窗扇 → 玻璃就位 → 玻璃安装

4.2 清理窗扇

应去除玻璃表面的尘土、油污等污物和水膜。并将窗扇槽口内的灰浆渣、异物清除干净，使排水孔畅通。

4.3 玻璃就位

4.3.1 玻璃裁制按设计尺寸或实测尺寸，长与宽各缩小 2～4mm，裁制好的玻璃应存放备用。

4.3.2 安装双层玻璃时，玻璃夹层四周应嵌入中隔条，中隔条应密封、不变形、不脱落；玻璃槽及玻璃内表面应干燥、洁净。

4.3.3 安装玻璃时，玻璃应搁在两块相同的定位垫块上。垫块离垂直边缘的距离宜为玻璃宽度的 1/4，且不宜小于 150mm；定位垫块的宽度应大于所支撑玻璃件的厚度，长度不宜小于 25mm，并应符合设计要求。

4.3.4 安装塑料框扇玻璃时，应将约 3mm 厚的氯丁橡胶垫块垫在凹槽内，避免玻璃直接接触框扇。

4.3.5 根据开启方式的不同，其垫块位置应按现行有关标准的规定放置。

4.3.6 边框上的垫块，应采用聚氯乙烯胶加以固定。

4.3.7 安装玻璃时，所使用的各种材料均不得影响泄水系统的通畅。

4.4 玻璃安装

4.4.1 将已裁割好的玻璃放入框扇凹槽中间，内外两侧的间隙不小于 2mm，然后用橡胶条将其及时固定。带密封的压条必须与玻璃全部贴紧，压条与型材的接缝处应无明显缝隙，接头缝隙应不大于1mm。橡胶条拐角八字切割整齐、黏结牢固。

4.4.2 用密封胶填缝固定玻璃时，应先用橡胶条或橡胶块将玻璃挤住，留出注胶空隙。注胶宽度和深度应符合设计要求，在胶固化前应保持玻璃不受振动。

4.4.3 安装好的玻璃应平整、牢固，不得有松动现象，内外表面均应洁净，玻璃夹层内不得有灰尘和水汽，双层玻璃中隔条不得翘起。

4.4.4 中空玻璃的单层镀膜玻璃应装在玻璃的最外层，镀膜层应朝向室内。

5 质量标准

5.1 主控项目

5.1.1 玻璃品种、规格、尺寸、色彩、图案及涂膜朝向必须符合设计要求。单块玻璃大于 $1.5m^2$ 时应使用安全玻璃。

5.1.2 玻璃安装所采用的橡胶条和硅酮胶的材质、型号应符合设计要求；橡胶条镶嵌应平整，其长度应比内槽长 1.5%～2%，在转角处应斜面断开，并用胶黏剂黏结牢固后嵌入槽内。

5.1.3 门窗玻璃不应接触框扇，每块玻璃下部应至少放两块宽度与槽口宽度相同、长度不小于100mm的弹性定位垫块；玻璃两边嵌入量及空隙应符合设计要求；安装必须牢固，无松动。

5.1.4 密封条与玻璃、玻璃槽口的接触应紧密、平整。密封胶与玻璃、玻璃槽口的边缘应粘结牢固、接缝平齐。

5.1.5 带密封条的玻璃压条，其密封条必须与玻璃全部贴紧，压条与型材之间无明显缝隙，压条接缝应不大于0.5mm。

5.2 一般项目

5.2.1 玻璃表面应洁净，不得有腻子、密封胶、涂料等污渍。中空玻璃内外表面均应洁净，玻璃中空层内不得有灰尘和水蒸气。

5.2.2 门窗玻璃不应直接接触型材。单面镀膜玻璃的镀膜层及磨砂玻璃的磨砂面应朝向室内。中空玻璃的单面镀膜玻璃应在最外层，镀膜层应朝向室内。

5.2.3 腻子应填抹饱满、粘结牢固；腻子边缘与裁口应平齐。固定玻璃的卡子不应在腻子表面显露。

6　成品保护

6.0.1　门窗玻璃安装后，应及时关闭门窗，插上插销，防止刮风损坏玻璃。并派专人看管门窗，每日定时开关门窗，以减少损坏。

6.0.2　面积较大，造价昂贵的玻璃，应在交工验收前再安装，如需提前安装，应有保护措施。

6.0.3　安装玻璃时，应自备脚手凳或脚手架，不得随便蹬踩窗台板。

6.0.4　填封密封胶条或玻璃胶的门窗，应待 24h 后方可开启门窗。

6.0.5　严禁用强酸性洗涤剂清洗玻璃。热反射玻璃的反射膜面若溅上碱性砂浆，要立即用水冲洗干净，以免使反射膜变质。

6.0.6　严禁用酸性洗涤剂或含研磨粉的去污粉清洗反射玻璃的反射膜面，以免在反射膜上留下伤痕或使反射膜脱落。

6.0.7　其他作业可能损坏玻璃时，应采取保护措施。严禁焊接、切割及喷砂等作业产生的火花和飞溅的颗粒物质损伤玻璃。

7　注意事项

7.1　应注意的质量问题

7.1.1　玻璃切割尺寸不宜过大或过小，应符合安装要求。

7.1.2　槽口内的砂浆、杂物应清理干净，没经检查不准装玻璃。

7.1.3　密封材料应按设计要求选用，丢失后及时补装。

7.1.4　密封橡胶条易在转角处断开，拐角八字切割整齐，应在密封条下边刷胶，使之与玻璃及框扇结合牢固。

7.1.5　玻璃安装应设固定垫块，玻璃不得直接接触框扇。

7.1.6　玻璃安装后，及时用软布或棉丝清擦干净，达到透明、光亮，如发现裂纹、划痕等损伤，玻璃应及时更换。

7.1.7　玻璃安装朝向应符合设计要求，镀膜玻璃的镀膜层和磨砂玻璃的磨砂面应朝向室内。

7.2　应注意的安全问题

7.2.1　搬运玻璃时，应戴手套或用柔软材料垫住边口，以免划伤。搬运、安装大玻璃时应注意风向，以确保安全。

7.2.2 安装窗扇玻璃时，不得在垂直方向的上下层同时作业，并应与其他作业错开，防止坠物伤人。

7.2.3 进入现场必须戴安全帽。严禁穿拖鞋、高跟鞋、带钉易滑或光脚进入现场。

7.2.4 高空作业必须系好安全带，施工部位下方及附近禁止行人通过，避免玻璃或工具掉落伤人。

7.2.5 安装外窗扇玻璃时，玻璃不宜放在外架上。

7.2.6 施工用电应执行《施工现场临时用电安全技术规范》JGJ 46 的有关规定。

7.3 应注意的绿色施工问题

7.3.1 对于施工中的油漆、稀料、胶、涂料在运送中要避免遗洒，以免污染地面。

7.3.2 玻璃裁割应集中进行，边角废料及时处理。

7.3.3 施工后的废料应及时清理，做到工完场清，做好文明施工。

8 质量记录

8.0.1 玻璃的出厂合格证、性能检测报告和进场验收记录。

8.0.2 施工记录。

8.0.3 门窗玻璃安装工程检验批质量验收记录。

8.0.4 其他技术文件。

第9章　防火门安装

本工艺标准适用于工业与民用建筑的防火门安装。

1　引用标准

《建筑工程施工质量验收统一标准》GB 50300—2013
《建筑装饰装修工程施工质量验收标准》GB 50210—2018
《防火门》GB 12955—2008
《防火卷帘、防火门、防火窗施工及验收规范》GB 50877—2014

2　术语（略）

3　施工准备

3.1　作业条件

3.1.1　墙面已粉刷完毕，粗装修之后，精装修之前，工种之间已办好交接手续。

3.1.2　按图要求的尺寸弹好门中线，并弹好室内 0.5m 水平线，确定安装标高。

3.1.3　门洞口位置、尺寸经复核符合设计要求，埋件位置、数量规格符合要求。

3.1.4　已进行了技术和安全交底。

3.2　材料及机具

3.2.1　防火门的规格、型号应符合设计要求，经消防部门鉴定和批准的，五金配件配套齐全，并具有生产许可证、产品合格证和性能检测报告。

3.2.2　防腐材料、填缝材料、密封材料、水泥、砂、连接板等应符合设计要求和有关标准的规定。

57

3.2.3 防火门码放前，要将存放处清理平整，垫好支撑物。如果门有编号，要根据编号码放好；码放时面板叠放高度不得超过1.2m；门框重叠平放高度不得超过1.5m；要有防晒、防风及防雨措施。

3.2.4 机具：电钻、电焊机、水准仪、电锤、活扳手、钳子、水平尺、线坠、螺丝刀、手锤、墨线盒、钢卷尺、钢直尺、脚手架及高凳等。

4 操作工艺

4.1 木质防火门施工工艺流程

定位放线 → 门框安装 → 门套安装 → 门扇安装 → 五金安装

4.1.1 定位放线：弹线安装门框应考虑墙体面层厚度，根据门尺寸、标高、位置及开启方向在墙上画出安装位置线。有贴脸的门，立框时应与抹灰面平。

4.1.2 门框安装：首先在门框两侧钉镀锌铁条（30×200×2），一侧不得少于3个，上下各距顶部或底部的尺寸不大于250mm。剩下一个在中间位置，然后用射钉枪把连接铁条固定在混凝土柱上，门框安装完后，用铁皮在小车轴高的位置包好，防止磕碰门框。门框固定好后，框与洞口墙体的缝隙先填塞发泡材料（或沥青麻丝），内外侧再用水泥砂浆抹平。

4.1.3 门套安装：部分木质防火门有门套，门套形式见装修施工图纸。门框与门套内衬在厂家已粘接固定完毕，现场整体与抱框柱固定，现场施工贴脸。贴脸完成后与墙体平（涂料墙面）或将瓷砖压住（瓷砖墙面）。贴脸必须垂直，垂直度满足要求，贴脸与内衬板粘接牢固。

4.1.4 门扇安装：先确定门的开启方向及小五金的型号，安装位置，对开门扇的裁口位置及开启方向。将弄好的门扇塞入框，在扇上划出合页位置（合页到门扇的顶部和下部为门扇高度的十分之一，且避开上下帽头）同时注意扇与框的平整。确定好合页的位置后，即在门扇上划出合页位置及槽深浅，确保门扇安装完后与框的平整。

4.1.5 五金安装：合页安装时应先拧紧一个螺丝，然后检查门的缝隙是否合适，口与扇是否平整，无问题后方能把所有螺丝全部拧上，木螺丝应砸入1/3，拧入2/3。合页螺丝拧入深度一致，无歪曲现象。五金安装必须符合相关要求，不得遗漏，门锁及拉手安装高度为 95～100cm，双扇门的插销在门的上下各按一个。由于门在开启的时候易碰墙，应安装定门器，安装方法见产品说明。

4.2 钢质防火门施工工艺流程

门框弹线定位→门洞口处理→门框内灌浆→门框就位和临时固定→门框固定→门框与墙体间隙间的处理→门扇安装→五金配件安装→验收

4.2.1 门框弹线定位：按设计要求尺寸、标高和方向，画出门框框口位置线。

4.2.2 门洞口处理：安装前检查门洞口尺寸，偏位、不垂直、不方正的要进行剔凿或抹灰处理。

4.2.3 门框内灌浆：对于钢质防火门，需在门框内填充 1：3 水泥砂浆。填充前应先把门关好，将门扇开启面的门框与门扇之间的防漏孔塞上塑料盖后，方可进行填充。填充水泥不能过量，防止门框变形影响开启。

4.2.4 门框就位和临时固定：先拆掉门框下部的固定板，将门框用木楔临时固定在洞口内，经校正合格后，固定木楔。门框埋入 ±0.00m 标高以下 20mm，须保证框口上下尺寸相同，允许误差 <1.5mm，对角线允许误差<2mm。

4.2.5 门框固定：采用 1.5mm 厚镀锌连接件固定。连接件与墙体采用膨胀螺栓固定安装。门框与门洞墙体之间预留的安装空间：胀栓固定预留 20～30mm。门框每边均不应少于 3 个连接点。

4.2.6 门框与墙体间隙间的处理：门框周边缝隙，用 1：2 水泥砂浆嵌缝牢固，应保证与墙体结成整体，经养护凝固后，再粉刷洞口及墙体。门框与墙体连接处打建筑密封胶。

4.2.7 门扇安装：先用十字螺丝刀把合页固定在门扇上。把门扇挂在门框上。挂门时，先将门扇竖放在门框合页边框旁，与门框成 90°夹角，为安装方便，门扇底部可用木块垫起。对准合页位置，将门扇通过合页固定在门框上。

4.2.8 五金配件安装：安装五金配件及有关防火装置。门扇关闭后，门缝应均匀平整，开启自由轻便，不得有过紧、过松和反弹现象。

4.2.9 验收：门框与门扇的正常间隙为左、中（双开门、子母门）、右 3±1mm、上部 2±1mm、下部 4±1mm 间隙。调整框与扇的间隙，做到门扇在门框里平整、密合、无翘曲、无明显反弹。

4.3 防火卷帘门施工工艺流程

放线找规矩 → 安装卷筒 → 安装传动装置 → 空载试车 → 帘板安装 →
安装导轨 → 试运转 → 安装防护罩

4.3.1 放线找规矩

根据设计图纸中门的安装位置、尺寸和标高，量出门边线，吊垂直后用墨线弹出两导轨边垂线及卷筒安装中心线。对个别不直的门口边应进行剔凿处理。根据楼层室内 0.5m 的水平线，确定门的安装标高。

4.3.2 安装卷筒

安装卷筒时，应使卷筒轴保持水平，并使卷筒与导轨之间距离两端保持一致，卷筒临时固定后进行检查，调整、校正合格后，与支架预埋铁件用电焊焊牢。卷筒安装后应转动灵活。

4.3.3 安装传动装置

安装传动系统部件，安装电气控制系统。

4.3.4 空载试车

通电试运转，检查电机、卷筒的转动情况及其他传动系统部件的工作情况及转动部件周围的安全空隙和配合间隙是否满足要求。

4.3.5 帘板安装

拼装帘板并检查帘板平整度、对角线、两侧边顺直度，符合要求后安装在卷筒上，门帘板有正反，安装时要注意，不得装反。

4.3.6 安装导轨

按图纸规定位置线找直、吊正轨道，保证轨道槽口尺寸准确，上下一致，使导轨在同一垂直平面上，然后用连接件与墙体上的预埋铁件焊牢。

4.3.7 试运转

首先观察检查卷筒体、帘板、导轨和传动部分相互之间的吻合接触状况及活动间隙的匀称性，然后用手缓慢向下拉动关闭，再缓慢匀速向上拉提到位，反复几次，发现有阻滞、顿卡或异常噪声时仔细检查产生原因后进行调整，直至提拉顺畅，用力匀称为止。对电控卷帘门，手动调试后再用电动机启闭数次，细听有无异常声音。

4.3.8 安装防护罩

保护罩的尺寸大小，应与门的宽度和门帘板卷起后的直径相适应，保证卷筒将门帘板卷满后与防护罩有一定空隙，不发生相互碰撞，经检查合格后，将防护罩与预埋铁件焊牢。

5 质量标准

5.1 主控项目

5.1.1 防火门的质量和各项性能应符合设计要求。

5.1.2 防火门的品种、类型、规格、尺寸、开启方向、安装位置及防腐处理应符合设计要求。

5.1.3 防火门的安装必须牢固。预埋件的数量、位置、埋设方式、与框连接方式必须符合设计要求。

5.1.4 防火门的配件应齐全，位置应正确，安装应牢固，功能应满足使用要求和防火门的各项性能要求。

5.1.5 带有机械装置、自动装置或智能化装置的防火门，其机械装置、自动装置或智能化装置的功能应符合设计要求和有关标准的规定。

5.2 一般项目

5.2.1 防火门的表面装饰应符合设计要求。

5.2.2 防火门的表面应洁净，无划痕、碰伤。

5.2.3 防火木门的留缝宽度及允许偏差（表9-1、表9-2）。

木质防火门安装的留缝宽度　　　　　　表9-1

项次	项目		留缝宽度（mm）
1	门扇对口缝，扇与框间立缝		1.5～2.5
2	框与扇间上缝		1.0～1.5
3	门扇与地面间隙	内门	6～8

木质防火门安装的允许偏差   表 9-2

项次	项目	允许偏差（Ⅰ级）（mm）
1	框的正、侧面垂直度	3
2	框对角线长度差	2
3	框与扇接触面平整度	2

5.2.4 钢质防火门尺寸与形位公差（表9-3、表9-4）。

尺寸公差   表 9-3

部位名称	极限偏差（mm）	部位名称	极限偏差（mm）
门扇高度	+2，−1	门框槽口高度	±3
门扇宽度	−1，−3	门框侧壁宽度	±2
门扇厚度	+2，−1	门框槽口宽度	±1

形位公差   表 9-4

名称	测量项目	公差（mm）
门框	槽口两对角线长度差	≤3
门扇	两对角线长度差	≤3
	扭曲度	≤5
	高度方向弯曲度	≤2
门框、门扇	门框与门扇组合（前表面）高低差	≤3

5.2.5 防火卷帘门允许偏差见表9-5。

防火卷帘门允许偏差   表 9-5

序号	检验项目	项目质量要求	检验方法
1	外观质量	（1）门体叶片、滑道、卷轴、外罩等表面应平整光洁，不得有裂纹、扭曲、凹凸等缺陷 （2）卷帘门体外表面应色调一致，无色差 （3）产品铭牌应符合标准规定	目测、手感
2	材质及构件质量	（1）材质应符合国家及行业标准，有出厂合格证 （2）卷门机、电器元件、五金配件应有合格证	检查合格证

序号	检验项目	项目质量要求	检验方法
3	加工质量	(1) 运动件或可接触到的零件必须去毛刺、尖角 (2) 加工尺寸极限偏差及形位公差应符合规定：叶片长度极限偏差±2.0mm，滑道长度极限偏差±2.0mm (3) 叶片平面及滑道滑动面直线度≤1.5mm/m	(1) 手感 (2) 用钢卷尺直尺检测 (3) 用平台塞尺检测
4	装配及安装质量	(1) 预埋铁件或固定件间距≤600mm (2) 叶片插入轨道深度：宽1800，门体≥30mm；宽度大于1800，门体≥40mm (3) 门体内宽尺寸极限偏差±3.0mm，门体内高尺寸极限偏差±10mm (4) 水平面垂直度≤10mm (5) 卷轴与水平面平行度≤3.0mm (6) 座板与水平面平行度≤10mm	(1) 用钢卷尺测量 (2) 将叶片紧靠滑道一侧，用钢尺测量 (3) 钢卷尺测量 (4)～(6) 用水平尺及直尺测量
5	电气安装质量	(1) 电气布线合理、操作方便、灵活、准确 (2) 电气绝缘电阻应符合要求，电机等主电路：>300V时，绝缘电阻≥0.4MΩ；控制电路：<150V为≥0.1MΩ；150～300V为0.2MΩ	(1) 目测 (2) 用兆欧表测试
6	门性能质量	门体叶片上下滑动平稳、顺畅	观察
		门体启闭速度3～7m/min	秒表测试
		运行中能控制门体在任一位置停止，制动可靠	测试
		限位准确，门体到上下位置允许≤20mm	测试
		在电源电压在220V±10%时，卷帘机正常工作	调压测试
		当温度超过电器元件规定温升时，自动切断电源	测试
		停电时，手动启动闭门器，其启动力<118N	牵引仪测试

6 成品保护

6.0.1 入场存放应垫起、垫平，码放整齐。

6.0.2 安装前检查无损后在进行安装，安装后使用前两侧应进行保护，防止碰撞损坏。

6.0.3 装门框时要防止磕碰、划伤。

6.0.4 安装完成后，土建方仍在施工，如果门框有下槛，应做与下槛长、宽、高尺寸相称的凹形木板槽，将凹口冲着地面扣在下槛上，保证无划伤、踩踏变形，两竖框距地面1000mm处用木夹板保护，防止碰撞。

6.0.5 门扇安装完毕后，如有保护膜破裂，用透明胶带与透明保护膜表面粘接，避免出现表面划伤、磕碰。门扇保护膜修复后，将锁具装好，并用PVC保护膜把面板、把手分别粘贴，避免表面划伤、磕碰。在框扇表面贴保护膜时，应注意不允许用胶带与喷涂面直接接触。门扇表面有污点，可用清水擦洗掉。

6.0.6 门扇、锁具安装完毕后，要将门扇锁紧。防止成品碰伤、划伤，锁具丢失。

6.0.7 注意对门上锁具和面板把手的保护。

6.0.8 抹灰及墙面装饰前用塑料膜保护好，任何工序不得损坏其保护膜，防止砂浆、污物对表面的污染。

6.0.9 防火门面漆为后做时，应对装修后的墙面进行保护（可贴50mm宽纸条）。

6.0.10 钢质防火门安装时应采取措施，防止焊接作业时电焊火花损坏周围材料。

6.0.11 需搭设脚手架时，拆搭过程中，注意不得碰撞。

7 注意事项

7.1 应注意的质量问题

7.1.1 安装前应认真检查，发现翘曲和窜角，应及时校正修理，检查合格后再进行安装。

7.1.2 施工前放线找规矩，安装时应挂线。确保防火门上下顺直，左右标高一致。

7.1.3 防火门的配件应齐全，位置应正确，安装要牢固。

7.1.4 防火木门的割角、拼缝应严密平整。框、扇的裁口应顺直，刨面应平整。门上槽、孔应边缘整齐，无毛刺。

7.2 应注意的安全问题

7.2.1 安装用的梯子必须结实牢固，不应缺档，不应放置过陡，梯子与地面夹角以60°～70°为宜。严禁两人同时站在一个梯子上作业。高凳不能站其墙头，防止跌落。

7.2.2 进入现场必须戴安全帽。严禁穿拖鞋、高跟鞋、带钉易滑的鞋或光脚进入现场。

7.2.3 电工、焊工等特殊工种操作人员必须持上岗证。从事电、气焊或气割作业前，应清理作业周围的可燃物体或采取可靠的隔离措施。对需要办理动火证的场所，在取得相应手续后方可动工，并设专人进行监护。

7.2.4 施工用电应执行《施工现场临时用电安全技术规范》JGJ 46 的有关规定。

7.2.5 作业场所应配备齐全可靠的消防器材。作业场所不得存放易燃物品，并严禁吸烟或动用明火。

7.3 应注意的绿色施工问题

7.3.1 在施工过程中对于电锤等施工机具产生的噪声，施工人员应严格按工程确定的绿色施工措施进行控制。

7.3.2 禁止将废弃的塑料制品在施工现场丢弃、焚烧，以防止有毒有害气体伤害人体。

7.3.3 废弃物按指定位置分类储存，集中处置。

7.3.4 施工后的废料应及时清理，做到工完场清，坚持做好文明施工。

8 质量记录

8.0.1 防火门及五金配件的出厂合格证、性能检测报告和进场验收记录。

8.0.2 隐蔽工程检查验收记录。

8.0.3 技术交底记录。

8.0.4 特种门安装工程检验批质量验收记录。

8.0.5 特种门安装分项工程质量验收记录。

8.0.6 其他技术文件。

第 10 章　防盗门安装

本工艺标准适用于工业与民用建筑的防盗门安装。

1　引用标准

《建筑工程施工质量验收统一标准》GB 50300—2013

《建筑装饰装修工程施工质量验收标准》GB 50210—2018

《防盗安全门通用技术条件》GB 17565—2007

2　术语（略）

3　施工准备

3.1　作业条件

3.1.1　墙面已粉刷完毕，粗装修之后，精装修之前，工种之间已办好交接手续，并经验收合格。

3.1.2　按图要求的尺寸弹好门中线，并弹好室内 0.5m 水平线，确定安装标高。

3.1.3　门洞口位置、尺寸经复核符合设计要求，埋件位置、数量规格符合要求。

3.1.4　已进行了技术和安全交底。

3.2　材料及机具

3.2.1　防盗门的规格、型号应符合设计要求，经消防部门鉴定和批准的，五金配件配套齐全，并具有生产许可证、产品合格证和性能检测报告。

3.2.2　防腐材料、填缝材料、密封材料、水泥、砂、连接板等应符合设计要求和有关标准的规定。

3.2.3　防盗门码放前，要将存放处清理平整，垫好支撑物。如果门有编号，要根据编号码放好；码放时面板叠放高度不得超过 1.2m；门框重叠平放高度不得超过 1.5m；要有防晒、防风及防雨措施。

3.2.4 机具：电钻、电焊机、水准仪、电锤、活扳手、钳子、水平尺、线坠、螺丝刀、手锤、墨线盒、钢卷尺、钢直尺等。

4 操作工艺

4.1 工艺流程

放线找规矩 → 门框安装 → 装门扇及附属配件 → 嵌缝 → 五金配件安装

4.2 放线找规矩

4.2.1 根据设计图纸中门的安装位置、尺寸和标高，依据门洞中线向两边量出门边线、吊垂直、弹出门框安装控制墨线，对个别不直的门口边应进行剔凿处理。

4.2.2 根据楼层室内 0.5m 的水平线，确定门的安装标高。

4.3 门框安装

4.3.1 防盗门门框固定牢固程度的要求高于防火门，对于有较高防盗要求的防盗门应建议设置钢筋混凝土门樘，通过预埋铁件牢固地与门框焊接连接，对于一般要求的防盗门可采用膨胀螺栓与洞侧墙体固定，也可在砌筑墙体时在连接点位置预埋铁件，安装时与门框连接件焊牢。

4.3.2 防盗门框下部一般埋入楼地面面层下 20mm。安装过程注意保证门框不变形，框口上下尺寸均匀一致，对角线差不超过 2mm。

4.4 装门扇及附属配件

4.4.1 门框安装前就应先组装检查扇与框的匹配情况，处于直立状态时，门缝是否均匀顺直，开启和关闭是否轻便自如。

4.4.2 门扇安装后若发现开关过紧、过松或反弹时首先从铰链处调整至适宜状态。

4.5 嵌缝

门框周边缝隙，用 1：2 水泥砂浆填嵌密实。有些防盗门框有压灰线，抹灰应压过门框至压灰线。嵌缝水泥砂浆终凝后应洒水保持湿润养护 5～7d。

4.6 五金配件安装

4.6.1 安装前应检查门扇开启关闭是否灵活。五金配件应按产品说明书中的方法安装牢固、使用灵活。

4.6.2 防盗门上的拉手、门锁、观察孔等五金配件必须齐全，多功能防盗门上的密码保护锁、电子报警系统等装置必须有效、完善。

5 质量标准

5.1 主控项目

5.1.1 防盗门的质量和各项性能应符合设计要求。

5.1.2 防盗门的品种、类型、规格、尺寸、开启方向、安装位置及防腐处理应符合设计要求。

5.1.3 防盗门的安装必须牢固。预埋件的数量、位置、埋设方式、与框连接方式必须符合设计要求。

5.1.4 防盗门的配件应齐全，位置应正确，安装应牢固，功能应满足使用要求和防盗门的各项性能要求。

5.2 一般项目

5.2.1 防盗门的表面装饰应符合设计要求。

5.2.2 防盗门的表面应洁净，无划痕、碰伤。

6 成品保护

6.0.1 防盗门出厂时应封缠保护胶纸或薄膜，安装前应检查保护层的完好性，发现贴膜损坏的，必须用胶纸或塑膜封缠严密，直至保持到洞口墙体装饰施工完。

6.0.2 施工时应防止水泥砂浆、灰水、喷涂材料等污染损坏门表面。在室内外湿作业未完成前，不能破坏门窗表面的保护材料。

6.0.3 防盗门安装过程中，注意避免工具碰损表面漆膜。

6.0.4 应采取措施，防止焊接作业时电焊火花损坏周围材料。

6.0.5 防盗门安装完成后，交工前应锁闭。必须开启进行其他作业的，应建立交接责任制。

7 注意事项

7.1 应注意的质量问题

7.1.1 严格按照产品说明书的安装、调试、使用、保养规程进行。

7.1.2 特别注意检查防盗门门框、扇板、栅栏、型板的截面尺寸、厚度是否符合设计或选用标准图的要求，以确保防盗门的强度、刚度和可靠性。

7.1.3 防盗门必须与洞口结构可靠连接，应优先考虑采用预埋件与门框连接板焊接连接方式，如可能采用膨胀螺栓连接的，膨胀螺栓打入结构层深度不得小于 60mm。

7.1.4 门框与墙体不论采用何种连接方式，每侧边不得少于 4 个连接点。

7.1.5 防盗门装入洞口临时固定后，应检查四周边框和中间框架是否用规定的保护胶纸和塑料薄膜封贴包扎好，再进行门窗框与墙体之间缝隙的填嵌和洞口墙体表面装饰施工，以防止水泥砂浆、灰水、喷涂材料等污染损坏铝合金门窗表面。在室内外湿作业未完成前，不能破坏门窗表面的保护材料。

7.1.6 对于防盗门，一般均属于重型门。对于门洞两侧为轻质砌体时，必须设置构造柱。

7.2 应注意的安全问题

7.2.1 安装用的梯子必须结实牢固，不应缺档，不应放置过陡，梯子与地面夹角以 60°～70° 为宜。严禁两人同时站在一个梯子上作业。高凳不能站其墙头，防止跌落。

7.2.2 进入现场必须戴安全帽。严禁穿拖鞋、高跟鞋、带钉易滑的鞋或光脚进入现场。

7.2.3 电工、焊工等特殊工种操作人员必须持上岗证。从事电、气焊或气割作业前，应清理作业周围的可燃物体或采取可靠的隔离措施。对需要办理动火证的场所，在取得相应手续后方可动工，并设专人进行监护。

7.2.4 施工用电应执行《施工现场临时用电安全技术规范》JGJ 46 的有关规定。

7.2.5 作业场所应配备齐全可靠的消防器材。作业场所不得存放易燃物品，并严禁吸烟或动用明火。

7.3 应注意的绿色施工问题

7.3.1 在施工过程中对于电锤等施工机具产生的噪声，施工人员应严格按工程确定的绿色施工措施进行控制。

7.3.2 禁止将废弃的塑料制品在施工现场丢弃、焚烧，以防止有毒有害气体伤害人体。

7.3.3 废弃物按指定位置分类储存，集中处置。

7.3.4 施工后的废料应及时清理，做到工完场清，坚持做好文明施工。

8 质量记录

8.0.1 防盗门及五金配件的出厂合格证、性能检测报告和进场验收记录。

8.0.2 隐蔽工程检查验收记录。

8.0.3 技术交底记录。

8.0.4 特种门安装工程检验批质量验收记录。

8.0.5 特种门安装分项工程质量验收记录。

8.0.6 其他技术文件。

第11章　全玻门安装

本工艺标准适用于工业与民用建筑的全玻门安装。

1 引用标准

《建筑工程施工质量验收统一标准》GB 50300—2013

《建筑装饰装修工程施工质量验收标准》GB 50210—2018

《建筑玻璃应用技术规程》JGJ 113—2015

2 术语（略）

3 施工准备

3.1 作业条件

3.1.1 墙、地面的饰面已施工完毕，现场已清理干净，并经验收合格。弹好室内 0.5m 水平线，确定安装标高。洞口尺寸符合设计要求。

3.1.2 清理门洞预埋防腐木砖的位置和数量。

3.1.3 按设计要求确定大小门框和门夹的位置和标高以及安装方法和程序。

3.1.4 准备好施工简易脚手架或高凳。

3.1.5 按设计图尺寸粉刷洞口边框。

3.1.6 门框的不锈钢或其他饰面已经完成。门框顶部用来安装固定玻璃板的限位槽已预留好。

3.2 材料及机具

3.2.1 厚玻璃、金属门夹和地弹簧按设计规定的品种、类型、规格、型号、颜色、耐火极限选购。产品应有产品质量合格证、使用说明书及性能检测报告。

3.2.2 玻璃：主要是指 12mm 以上厚度的玻璃，根据设计要求选好玻璃，并安放在安装位置附近，不锈钢或其他有色金属型材的门框、限位槽及板，都应加工好，准备安装。

3.2.3 0.8mm 厚的镜面不锈钢板、方木、万能胶、钢钉、圆钉、玻璃胶、木螺钉、自攻螺钉、门拉手、胶合板、木条等。材质应选择合格品。

3.2.4 机具：手电钻、砂轮机、冲击电钻、玻璃吸盘机、电锯、水准仪、玻璃刀、钢卷尺、吊线坠、方尺、螺丝刀、扳手、脚手架或高凳等。

4 操作工艺

4.1 工艺流程

4.1.1 玻璃固定门的安装

放线找规矩 → 安装框顶限位槽 → 装木底托 → 安装竖门、横框 →

安装固定玻璃 → 注玻璃胶封口

4.1.2 玻璃活动门的安装

安装门底弹簧和门框顶面 → 玻璃门扇安装上下夹 →

玻璃门扇上下门夹固定 → 门扇定位安装 → 安装玻璃拉手

4.2 玻璃固定门的安装

4.2.1 放线找规矩

根据施工设计图和节点大样，放出玻璃门的安装位置线。根据楼层室内 0.5m 的水平线，准确测量室内、室外地面标高和门框顶部标高及中横框标高，做出标志。

4.2.2 安装框顶限位槽

安装时，先由安装位置线（中心线）引出两条金属饰面板边线，然后靠框顶边线，跟线各装一根定位方木条，校正水平度合格后用钢钉或螺钉将方木紧固于框顶过梁上。按边线进行门框顶部限位槽的安装。通过胶合板垫板，调整槽口的槽深，用 1.5mm 厚的钢板或铝合金板，压制成限位槽框衬里，衬里与定位木条用木螺栓或自攻螺栓固定。在其表面事先压制成型的镜面不锈钢饰面板，用万能胶紧粘于衬里上。

4.2.3 装木底托

1 按安装位置线，先将方木条固定在地面上，然后再用万能胶将成型镜面不锈钢饰面板粘贴于方木条上。方木条两端抵住门洞口边框，用钢钉将方木条直接钉在地面上。

2　两方木条之间留装玻璃和嵌胶的空隙。其缝宽及槽深，应与门框顶部一致。方木条固定后，用万能胶将压制成型的镜面不锈钢板粘贴在方木条上。底托应留出活动门位置。

4.2.4　安装竖门、横框

1　安装竖向边框时，按所弹中心线和门框截面边线，钉立竖框方木。竖框方木上抵顶部限位槽方木，下埋入地面内 30～40mm，竖向应与墙体预埋铁件连接牢固。骨架安装完工后，钉胶合板包框。最后，外包镜面不锈钢饰面板。竖框与顶部横框饰面板，应按 45°角斜接对头缝。

2　当活动全玻璃门扇之上为固定玻璃时，横框的构造应按设计规定施工。横框骨架两端应嵌固或焊牢在门洞口基体预留槽口内或预埋铁件上。骨架包衬采用胶合板，外包镜面不锈钢饰面板。

3　如设计采用活动全玻门扇的上方、左右两侧为固定玻璃时，应根据设计规定，弹出活动门的净宽线以及门的净高。按线划出竖框柱的截面尺寸并定出横框截面。用方木钉活动门的竖门框柱和横框骨架。竖框柱应嵌入地面建筑标高下 30～40mm。然后骨架四周包里衬胶合板并钉牢。最后，外包镜面不锈钢饰面板。

4.2.5　安装固定玻璃

1　玻璃工用玻璃吸盘机把厚玻璃板吸住提起，移至安装位置，先将玻璃上部插入门框顶部的限位槽，随后玻璃板的下部放到底托上。玻璃下部对准中心线，两侧边部正好封住门框处的不锈钢饰面对缝口，要求做到内外都看不见饰面接缝口。

2　在底托方木上的内外钉两根方木条，把厚玻璃夹在中间，方木条距厚玻璃面 3～4mm 注玻璃胶，然后在方木条上涂刷万能胶，将压制成型的不锈钢饰面板粘固在方木上。

4.2.6　注玻璃胶封口

1　在门框顶部限位槽和底部底托的两侧，以及厚玻璃与框柱的对缝等各缝隙处，注入玻璃胶封口。

2　当玻璃门固定部分玻璃面积过大，需要拼接时，其对接缝要有 2～3mm 的宽度，玻璃板边要倒角。玻璃板固定后，将玻璃胶注入对接缝中。

4.3 玻璃活动门的安装

4.3.1 安装门底弹簧和门框顶面

先安装门底弹簧和门框顶面的定位销。门底弹簧应与门顶定位销同一轴线。因此安装时必须用吊线坠反复吊正，确保门底弹簧转轴与门顶定位销的中心线在同一垂直线上。

4.3.2 玻璃门扇安装上下门夹

把上下金属门夹，分别装在玻璃门扇上下两端，并测量门扇高度。如果门扇的上下边框距门横框及地面的缝隙超过规定值。即门扇高度不够，可在上下门夹内的玻璃底部垫木胶合板条。如门扇高度超过安装尺寸，则需裁去玻璃扇的多余部分。钢化玻璃则需按安装尺寸重新定制。

4.3.3 玻璃门扇上下门夹固定

定好门扇高度后，在厚玻璃与金属上下门夹内的两侧缝隙处，同时插入小木条，轻敲稳实，然后在小木条、厚玻璃、门夹之间的缝隙中注入玻璃胶。

4.3.4 门扇定位安装

先将门框横梁上的定位销用本身的调节螺钉调出横梁平面2mm，再将玻璃门扇竖起来，把门扇下门夹的转动销连接件的孔位对准门底弹簧的转动销轴，并转动门扇将孔位套入销轴上，然后把门扇转动90°，使之与门框横梁成直角，把门扇上门夹中的转动连接件的孔对准门框横框的定位销，调节定位销的调节螺钉，将定位销插入孔内15mm左右。

4.3.5 安装玻璃拉手

全玻璃门扇上的拉手孔洞，一般在裁割玻璃时加工完成。安装前在拉手插入玻璃的部分，涂少许玻璃胶，拉手根部与玻璃板紧密结合后再拧紧固定螺钉，以保证拉手无松动现象。

5 质量标准

5.1 主控项目

5.1.1 全玻门的质量和各项性能应符合设计要求。

5.1.2 全玻门的品种、类型、规格、尺寸、开启方向、安装位置及防腐处理应符合设计要求。

5.1.3 带有机械装置、自动装置或智能化装置的全玻门，其机械装置自动装置或智能化装置的功能应符合设计要求和有关标准的规定。

5.1.4 全玻门的安装必须牢固。预埋件的数量、位置、埋设方式、与框的连接方式必须符合设计要求。

5.1.5 全玻门的配件应齐全，位置应正确，安装应牢固，功能应满足使用要求和全玻门的各项性能要求。

5.2　一般项目

5.2.1 全玻门的表面装饰应符合设计要求。

5.2.2 全玻门的表面应洁净，无划痕、碰伤。

6　成品保护

6.0.1 玻璃门安装时，应轻拿轻放，严禁相互碰撞。避免扳手、钳子等工具碰坏玻璃门。

6.0.2 全玻门装箱应运至安装位置，然后开箱检查。

6.0.3 玻璃门的材料进场后，应在室内竖直靠墙排放，并靠放稳当。

6.0.4 操作工必须持有效期内的上岗证作业，以保证全玻门安装过程中不损坏和污染其他成品。

6.0.5 全玻门安装后，尚未交付使用前，要有专人管理，并应有保护设施。

6.0.6 安装好的玻璃门应避免硬物碰撞，避免硬物擦划，保持清洁不污染。

6.0.7 安装好的玻璃门或其拉手上，严禁悬挂重物。

7　注意事项

7.1　应注意的质量问题

7.1.1 全玻门使用的方木条、胶合板应经防腐、防潮、防蛀、防火处理。

7.1.2 不锈钢的材质为镍铬合金。目前，含铁不锈钢板充斥市场，此种板极易锈蚀。因此，应采用"吸铁石鉴别"法，识别真假不锈钢板。

7.1.3 方木条和木骨架的立边木方，必须弹线修刨，保证边框成一条直线。

7.1.4 镜面不锈钢下料时，要用机械剪切，以保证剪口平整一致。

7.1.5 镜面不锈钢扣，应用机械加工成型，其卷边弯角应保证 90°角。

7.1.6 粘接饰面板的万能胶，其粘结强度和耐老化性能，必须符合相关标准的规定。

7.1.7 镜面不锈钢饰面板,在竖框与顶部横框相接处应采用 45°角。

7.1.8 门底弹簧转轴与定位销必须调整到同一轴线上,使开关灵活。

7.1.9 全玻门弹簧的自动定位应安装准确,开启角 90°±1.5°,关闭时间控制的范围应不少于 17s,以防玻璃弹簧门夹人。

7.1.10 门框与墙面的接合处理,应符合设计规定。

7.2 应注意的安全问题

7.2.1 架梯不得缺档,脚底不得垫高,底部应绑橡皮防滑垫,人字梯两腿夹角 60°为宜,两腿间要拉索拉牢。

7.2.2 室内搭设高凳操作时,单凳只准站一人,双凳应搭跳板,两凳间距不得超过 2m,只准站两人。

7.2.3 施工用电应执行《施工现场临时用电安全技术规范》JGJ 46 的有关规定。

7.2.4 手持电动工具要在配电箱装设额定动作电流不大于 30mA,额定动作时间不大于 0.1s 的漏电保护装置。

7.2.5 每台电动机械应有独立的开关和熔断保险,严禁一闸多用。严禁用铜线当保险丝用。

7.2.6 使用电焊机时,对一次线和二次线均须防护,二次线侧的焊柄不准露铜,应保证绝缘良好。

7.2.7 砂轮机应使用单向开关,砂轮应装不大于 180°的防护罩和牢固的工作托架。

7.2.8 手持电动工具仍在转动时,严禁随便放置。

7.2.9 作业场所应配备齐全、可靠的消防器材。作业场所不得存放易燃物品,并严禁吸烟或动用明火。

7.3 应注意的绿色施工问题

7.3.1 胶合板应复验甲醛含量,复验结果不得超过设计和规范规定的限值。

7.3.2 玻璃胶粘剂和清洗剂等使用后,应加盖封闭存放,不得随意乱放或遗洒。剩料和包装容器应及时清理回收。

7.3.3 施工当中的剩料及碎玻璃,不得随意处置,完工后统一回收处理。

7.3.4 施工时制定管理制度,材料应轻拿轻放,材料运输车辆进出施工现场,严禁鸣笛,以防噪声扰民。

8   质量记录

8.0.1 玻璃门、五金配件的产品合格证、性能检测报告和进场验收记录。

8.0.2 粘结胶、密封胶产品合格证、环保检测报告。

8.0.3 隐蔽工程检查验收记录。

8.0.4 特种门安装工程检验批质量验收记录。

8.0.5 特种门安装分项工程质量验收记录。

8.0.6 其他技术文件。

第 12 章 自动门安装

本工艺标准适用于工业与民用建筑的自动门安装。

1 引用标准

《建筑工程施工质量验收统一标准》GB 50300—2013
《建筑装饰装修工程施工质量验收标准》GB 50210—2018

2 术语（略）

3 施工准备

3.1 作业条件

3.1.1 墙、地面的饰面已施工完毕，现场已清理干净，并经验收合格。弹好室内 0.5m 水平线，确定安装标高。

3.1.2 检查自动门上部吊挂滚轮装置的预埋钢板位置是否正确，如有偏移，应及时处理。

3.1.3 自动门各种零配件质量应符合现行国家标准、行业标准的规定，并按设计要求选用。不得使用不合格产品。

3.1.4 门框、门扇和其他装饰件运至现场后，应存放在仓库内，妥为保管，不得撕毁其包装防护膜。

3.1.5 门框和门扇在搬运中不得受撞击变形，并应防止水泥、石灰浆或其他酸、碱物质污染门的表面。

3.1.6 安排好安装脚手架和安装的安全设施。

3.2 材料及机具

3.2.1 自动门产品及其配件，应按设计规定在工厂制作或在市场上按设计要求进行选购。产品应有出厂质量合格证、使用说明书及性能检测报告。

3.2.2　自动门一般分为三种：

1　微波自动门：自控探测装置通过微波捕捉物体的移动，传感器固定于门上方正中，在门前形成半圆形探测区域；

2　踏板式自动门：踏板按照几种标准尺寸安装在地面或隐藏在地板下，当地板接受压力后，控制门的动力装置接受传感器的信号便门开启，踏板的传感能力不受湿度影响；

3　光电感应自动门：该系统的安装分为内嵌式和表面安装，光电管不受外来光线影响，最大安装距离为 6100mm。

3.2.3　安装材料：膨胀螺栓、螺栓、射钉、焊条、对拔木楔、抹布、小五金等，应使用合格产品。

3.2.4　机具：切割机、冲击钻、射钉枪、电焊机、吊线坠、扳手、手锤、钢卷尺、塞尺、水平尺、靠尺等。

4　操作工艺

4.1　工艺流程

放线找规矩 → 安装地面导向轨 → 安装横梁 → 固定机箱 → 安装门扇 → 调试

4.2　放线找规矩

4.2.1　根据设计图纸中门的安装位置、尺寸和标高，依据门洞中线向两边量出门边线、吊垂直、弹出门框安装控制墨线。

4.2.2　根据楼层室内 0.5m 的水平线，确定门的安装标高。

4.3　安装地面导向轨

4.3.1　自动门一般在地面上安装导向性轨道，异形薄壁钢管自动门在地面上设滚轮导向铁件。

4.3.2　地坪面施工时，应准确测定内外地面的标高，做可靠标志。

4.3.3　按设计图规定的尺寸放出下部导向装置的位置线，预埋滚轮导向铁件或预埋槽口木条。安装前撬出方木条，安装下轨道。

4.3.4　安装的轨道必须水平，预埋的动力线不得影响门扇的开启。

4.4 安装横梁

自动门上部机箱层横梁一般采用槽钢，槽钢与墙体上预埋钢板连接支承机箱层。因此，预埋钢板必须埋设牢固。预埋钢板与横梁槽钢连接要牢固、可靠。安装横梁下的上导轨时，应考虑门上盖的装拆方便。一般可采用活动条密封，安装后不能使门受到安装应力。即必须是零荷载。

4.5 固定机箱

将厂方生产的机箱仔细地固定在横梁上。

4.6 安装门扇

安装门扇，使门扇滑动平稳、润滑。

4.7 调试

自动门安装后，对探测传感系统和机电装置进行反复调试，将感应灵敏度、探测距离、开闭速度等调试至最佳状态，以满足使用功能。

5 质量标准

5.1 主控项目

5.1.1 自动门的质量和各项性能应符合设计要求。

5.1.2 自动门的品种、类型、规格、尺寸、开启方向、安装位置及防腐处理应符合设计要求。

5.1.3 带有机械装置、自动装置或智能化装置的自动门，其机械装置、自动装置或智能化装置的功能应符合设计要求和有关标准的规定。

5.1.4 自动门的安装必须牢固。预埋件的数量、位置、预埋方式、与框的连接方式必须符合设计要求。

5.1.5 自动门的配件应齐全，位置应正确，安装应牢固，功能应满足使用要求和自动门的各项性能要求。

5.2 一般项目

5.2.1 自动门的表面装饰应符合设计要求。

5.2.2 自动门的表面应洁净，无划痕、碰伤。

5.2.3 推拉自动门安装的留缝限值、允许偏差和检验方法应符合表 12-1 的规定。

推拉自动门安装的留缝限值、允许偏差和检验方法　　　　表 12-1

项次	项目		留缝限值（mm）	允许偏差（mm）	检验方法
1	门槽口宽度、高度	≤1500mm	—	1.5	用钢尺检查
		>1500mm	—	2	
2	门槽口对角线长度差	≤2000mm	—	2	用钢尺检查
		>2000mm	—	2.5	
3	门框的正、侧面垂直度		—	1	用1m垂直检测尺检查
4	门构件装配间隙		—	0.3	用塞尺检查
5	门梁导轨水平度		—	1	用1m水平尺和塞尺检查
6	下导轨与门梁导轨平行度		—	1.5	用钢尺检查
7	门扇与侧框间留缝		1.2～1.8	—	用塞尺检查
8	门扇对口缝		1.2～1.8	—	用塞尺检查

5.2.4　推拉自动门的感应时间限制和检验方法应符合表 12-2 的规定。

推拉自动门的感应时间限值和检验方法　　　　表 12-2

项次	项目	感应时间限值（s）	检验方法
1	开门响应时间	≤0.5	用秒表检查
2	堵门保护延时	16～20	用秒表检查
3	门扇开启后保持时间	13～17	用秒表检查

6　成品保护

6.0.1　自动门在搬运和安装过程中，应有防护装置，避免碰撞。

6.0.2　自动门装箱运至安装位置，然后开箱检查。

6.0.3　横梁与基体预埋件连接时，应由持有上岗证的专业焊工操作，以保证焊接质量，避免机箱等设备受损坏。

6.0.4　自动门安装过程中注意保护洞口周边装饰层。安装后洞口周边修补抹灰或装饰罩面时飞溅到门上的灰浆必须及时用湿棉纱擦净。

6.0.5　自动门安装后，尚未交付使用前，要有专人管理并应有保护设施。

7 注意事项

7.1 应注意的质量问题

7.1.1 自动门安装，宜由自动门生产厂家包产品质量、包安装包调试、包维修，以确保自动门的使用功能。

7.1.2 自动门的导向下轨槽，在地面工程施工时，应按设计图或自动门安装说明书预留。

7.1.3 自动门的安装标高，应事先精确施测、做出明显标记，以保证自动门安装后门内门外地面标高一致。

7.1.4 安装调试完毕，其地面按原设计做好地面饰面，不得出现明显的接槎痕迹。

7.2 应注意的安全问题

7.2.1 施工用电应执行《施工现场临时用电安全技术规范》JGJ 46 的有关规定。

7.2.2 手持电动工具要在配电箱装设额定动作电流不大于 30mA，额定动作时间不大于 0.1s 的漏电保护装置。

7.2.3 每台电动机械应有独立的开关和熔断保险，严禁一闸多用。严禁用铜线当保险丝用。

7.2.4 使用电焊机时，对一次线和二次线均须防护，二次线侧的焊柄不准露铜，应保证绝缘良好。

7.2.5 砂轮机应使用单向开关，砂轮应装不大于 180°的防护罩和牢固的工作托架。

7.2.6 手持电动工具仍在转动时，严禁随便放置。

7.2.7 搭设高凳操作时，单凳只准站一人，双凳应搭跳板，两凳间距离不得超过 2m，只准站两个人。

7.2.8 架梯不得缺档，脚底不得垫高，底部应绑橡皮防滑垫，人字梯两腿夹角 60°为宜，两腿间要用拉索拉牢。

7.2.9 作业场所应配备齐全、可靠的消防器材。作业场所不得存放易燃物品，并严禁吸烟或动用明火。

7.3 应注意的绿色施工问题

7.3.1 切割材料应在封闭空间和在规定的时间内作业，采取措施减少噪声污染。

7.3.2　作业时，包装材料、下脚料应及时清理，做到活儿完脚下清，保持施工现场清洁、整齐、有序。

7.3.3　严格控制固体废弃物的排放，废旧材料应回收利用。

8　质量记录

8.0.1　自动门及其附件的出厂合格证、性能检测报告和进场验收记录。

8.0.2　隐蔽工程检查验收记录。

8.0.3　自动门安装、调试、试运行记录。

8.0.4　特种门安装工程检验批质量验收记录。

8.0.5　特种门安装分项工程质量验收记录。

8.0.6　其他技术文件。

第13章 旋转门安装

本工艺标准适用于工业与民用建筑的旋转门安装。

1 引用标准

《建筑工程施工质量验收统一标准》GB 50300—2013
《建筑装饰装修工程施工质量验收标准》GB 50210—2018

2 术语（略）

3 施工准备

3.1 作业条件

3.1.1 墙、地面的饰面已施工完毕，现场已清理干净，并经验收合格。弹好室内50cm水平线，确定安装标高。

3.1.2 检查预留门洞口尺寸符合旋转门的安装尺寸和转壁位置要求。

3.1.3 预埋件的位置和数量符合产品的安装要求。

3.1.4 金属旋转门及各种零部件，符合国家现行国家标准、行业标准的规定，并已按设计要求选用。不合格的产品已剔除。

3.2 材料及机具

3.2.1 成套旋转门及其配件应符合设计要求，有生产许可证、产品合格证及性能检测报告。

3.2.2 饰面材料：不锈钢板、铝合金板、彩色金属板、木板、玻璃等，应有产品合格证并符合设计要求。

3.2.3 膨胀螺栓、射钉、螺栓、预埋铁件、密封胶、橡皮胶等，材料质量应为合格品。

3.2.4 机具：电焊机、冲击钻、射钉枪、水准仪、扳手、半步扳手、角尺、吊线坠、手锤、水平尺、钢卷尺等。

4　操作工艺

旋转门是生产厂家供应成品门，一般由生产厂家派专业人员负责安装，调试合格后交付验收。

4.1　工艺流程

安装位置弹线 → 桁架固定 → 转轴、固定底座 → 装转门顶与转臂 →

安装门扇 → 旋转检查 → 安装玻璃

4.2　安装位置弹线

根据施工设计图和节点大样及产品安装说明书，在门洞口四周弹桁架安装位置线。根据楼层室内 0.5m 的水平线，确定安装标高。标高要用水准仪测设以保证水平度。

4.3　桁架固定

4.3.1　按安装位置线，清理预埋铁件的数量和位置。如预埋铁件数量或位置偏离位置线，应在基体上钻膨胀螺栓孔，其钻孔位置应与桁架的连接件位置相对应。

4.3.2　桁架的连接件可与铁件焊接固定。如用膨胀螺栓，将膨胀螺栓固定在基体上，再将桁架连接件与膨胀螺栓焊接固定。

4.4　转轴、固定底座

底座下要垫平垫实，不得产生下沉，临时点焊上轴承座，使转轴在同一个中心垂直于地坪面。

4.5　装转门顶与转臂

转臂不应预先固定，便于调整与活扇之间的间隙。

4.6　安装门扇

4.6.1　转门顶按图安装好后装转门扇，旋转门扇保持 $90°$（四扇式）或 $120°$（三扇式）夹角，转动门窗，保证上下间隙。

4.6.2　调整转臂位置，以保证门扇与转臂之间的间隙。

4.6.3　焊上轴承座。上轴承座焊完后，用 C25 混凝土固定底座，埋入插销下壳，固定转臂。

4.7　旋转检查

当底座混凝土达到设计的强度等级后，试旋转应合格。

4.8 安装玻璃

4.8.1 试旋转满足设计要求后，在门上安装玻璃。

4.8.2 门框饰面按照设计要求进行施工；钢质旋转门按设计要求的油漆品种和颜色的涂刷或喷涂油漆。

5 质量标准

5.1 主控项目

5.1.1 旋转门的质量和各项性能应符合设计要求。

5.1.2 旋转门的品种、类型、规格、尺寸、开启方向、安装位置及防腐处理应符合设计要求。

5.1.3 带有机械装置、自动装置或智能化装置的旋转门，其机械装置，自动装置或智能化装置的功能应符合设计要求和有关标准的规定。

5.1.4 旋转门的安装必须牢固。预埋件的数量、位置、埋设方式、与框的连接方式，必须符合设计要求。

5.1.5 旋转门的配件应齐全，位置应正确，安装应牢固，功能应满足使用要求和金属旋转门的各项性能要求。

5.2 一般项目

5.2.1 旋转门的表面装饰应符合设计要求。

5.2.2 旋转门的表面应洁净，无划痕、碰伤。

5.2.3 旋转门安装的允许偏差和检验方法应符合表 13-1 的规定。

旋转门安装的允许偏差和检验方法　　　　　　表 13-1

项次	项目	允许偏差（mm）		检验方法
		金属框架玻璃旋转门	木质旋转门	
1	门扇正、侧面垂直度	1.5	1.5	用 1m 垂直检测尺检查
2	门扇对角线长度差	1.5	1.5	用钢尺检查
3	相邻扇高度差	1	1	用钢尺检查
4	扇与圆弧边留缝	1.5	2	用塞尺检查
5	扇与上顶间留缝	2	2.5	用塞尺检查
6	扇与地面间留缝	2	2.5	用塞尺检查

6　成品保护

6.0.1　旋转门在搬运和安装过程中，应有防护装置并避免碰撞。

6.0.2　旋转门安装时，应轻拿轻放，严禁相互碰撞避免扳手、钳子等工具碰坏旋转门。

6.0.3　旋转门装箱应运至安装位置，然后开箱检查。

6.0.4　电焊工必须持有效期内的上岗证作业，以保证旋转门的安装质量。

6.0.5　旋转门安装后，尚未交付使用前，要有专人管理，并应有保护设施。

6.0.6　安装好的旋转门应避免硬物碰撞，避免硬物擦划，保持清洁、不污染。

7　注意事项

7.1　应注意的质量问题

7.1.1　安装放样时，转扇平面角应等分均匀，不得大小不一。

7.1.2　安装时旋转轴应准确吊线，使旋转轴同在一条垂直中心线上，上下点重合。

7.1.3　扇面对角线和平整度应符合验收规范要求方可使用。

7.1.4　转扇距圆弧边的间距，必须调整一致，不允许有擦边或间隙过大现象。

7.1.5　封闭条带的安装位置应正确。

7.1.6　操作时应及时擦除表面污染物，使转轴光洁。

7.1.7　转扇涂刷颜色应一致，不得有色差。

7.1.8　旋转门安装完毕，应设专人保护。

7.2　应注意的安全问题

7.2.1　架梯不得缺档，脚底不得垫高，底部应绑橡皮防滑垫，人字梯两腿夹角 60° 为宜，两腿间要拉索拉牢。

7.2.2　室内搭设高凳操作时，单凳只准站一人，双凳应搭跳板，两凳间距不得超过 2m，只准站两人。

7.2.3　施工用电应执行《施工现场临时用电安全技术规范》JGJ 46 的有关规定。

7.2.4 手持电动工具要在配电箱装设额定动作电流不大于 30mA，额定动作时间不大于 0.1s 的漏电保护装置。

7.2.5 每台电动机械应有独立的开关和熔断保险，严禁一闸多用。严禁用铜线当保险丝用。

7.2.6 使用电焊机时，对一次线和二次线均须防护，二次线侧的焊柄不准露铜，应保证绝缘良好。

7.2.7 砂轮机应使用单向开关，砂轮应装不大于 180°的防护罩和牢固的工作托架。

7.2.8 手持电动工具仍在转动时，严禁随意放置。

7.2.9 作业场所应配备齐全、可靠的消防器材。作业场所不得存放易燃物品，并严禁吸烟或动用明火。

7.3 应注意的绿色施工问题

7.3.1 作业时，包装材料、下脚材料应及时清理，做到活儿完脚下清，保持施工现场清洁、整齐、有序。

7.3.2 严格控制固体废弃物的排放，废旧材料应回收利用。

7.3.3 切割材料应在封闭空间和在规定的时间内作业，采取措施减少噪声污染。

7.3.4 施工现场制定专人负责洒水降尘和清理废弃物。

8 质量记录

8.0.1 旋转门及其配件的产品合格证、性能检测报告和进场验收记录。

8.0.2 隐蔽工程检查验收记录。

8.0.3 旋转门安装、调试、试运行记录。

8.0.4 特种门安装工程检验批质量验收记录。

8.0.5 特种门安装分项工程质量验收记录。

8.0.6 其他技术文件。

第14章　金属卷帘门安装

本工艺标准适用于工业与民用建筑的金属卷帘门安装。

1　引用标准

《建筑工程施工质量验收统一标准》GB 50300—2013

《建筑装饰装修工程施工质量验收标准》GB 50210—2018

2　术语（略）

3　施工准备

3.1　作业条件

3.1.1　结构工程施工完毕，并质量经验收合格。粗装修之后、精装修之前。弹好室内 0.5m 水平线，确定安装标高。

3.1.2　洞口尺寸及埋件位置、数量、规格符合设计要求。

3.1.3　按设计型号、查阅产品说明书和电气原理图；检查产品材质和表面处理及零附件，并测量产品各部件基本尺寸。

3.1.4　检查卷帘洞口尺寸、导轨、支架的预埋铁件位置和数量与图纸相符，并已将预埋铁件表面清理干净。

3.1.5　已准备好卷帘门安装机具和安装材料。

3.1.6　已准备安装卷帘门的简易脚手架。

3.2　材料及机具

3.2.1　卷帘门及其配件应根据设计要求选用。产品应有出厂质量合格证、使用说明书及性能检测报告。

3.2.2　五金配件应配套齐全。

3.2.3　其他材料：膨胀螺栓、螺钉、预埋铁件、电焊条等，应使用合格产品。

3.2.4 机具：手电锯、电焊机、射钉枪、电工用具、吊线坠、灰线袋、角尺、钢卷尺、水平尺、高凳或简易脚手架等。

4 操作工艺

4.1 工艺流程

放线找规矩 → 安装卷筒 → 安装传动装置 → 空载试车 → 帘板安装 →

安装导轨 → 试运转 → 安装防护罩

4.1.1 放线找规矩

根据设计图纸中门的安装位置、尺寸和标高，量出门边线，吊垂直后用墨线弹出两导轨边垂线及卷筒安装中心线。对个别不直的口边应进行剔凿处理。根据楼层室内 0.5m 的水平线，确定门的安装标高。

4.1.2 安装卷筒

安装卷筒时，应使卷筒轴保持水平，并使卷筒与导轨之间距离两端保持一致，卷筒临时固定后进行检查、调整、校正合格后，与支架预埋铁件用电焊焊牢。卷筒安装后应转动灵活。

4.1.3 安装传动装置

安装传动系统部件，安装电气控制系统。

4.1.4 空载试车

通电试运转，检查电机、卷筒的转动情况及其他传动系统部件的工作情况及转动部件周围的安全空隙和配合间隙是否满足要求。

4.1.5 帘板安装

拼装帘板并检查帘板平整度、对角线、两侧边顺直度，符合要求后安装在卷筒上，门帘板有正反，安装时要注意，不得装反。

4.1.6 安装导轨

按图纸规定位置线找直、吊正轨道，保证轨道槽口尺寸准确，上下一致，使导轨在同一垂直平面上，然后用连接件与墙体上的预埋铁件焊牢。

4.1.7 试运转

首先观察检查卷筒体、帘板、导轨和传动部分相互之间的吻合接触状况及活动间隙的匀称性，然后用手缓慢向下拉动关闭，再缓慢匀速向上拉提到位，反复几次，发现有阻滞、顿卡或异常噪声时仔细检查产生原因后进行调整，直至提拉顺畅，用力匀称为止。对电控卷帘门，手动调试后再用电动机启闭数次，细听有无异常声音。

4.1.8　安装防护罩

保护罩的尺寸大小，应与门的宽度和门帘板卷起后的直径相适应，保证卷筒将门帘板卷满后与防护罩有一定空隙，不发生相互碰撞，经检查合格后，将防护罩与预埋铁件焊牢。

5　质量标准

5.1　主控项目

5.1.1　金属卷帘门的质量和各项性能应符合设计要求。

5.1.2　金属卷帘门的品种、类型、规格、尺寸、开启方向、安装位置及防腐处理应符合设计要求。

5.1.3　带有机械装置、自动装置或智能化装置的金属卷帘门，其机械装置、自动装置或智能化装置的功能应符合设计要求和有关标准的规定。

5.1.4　金属卷帘门的安装必须牢固。预埋件的数量、位置、埋设方式、与框的连接方式必须符合设计要求。

5.1.5　金属卷帘门的配件应齐全，位置应正确，安装应牢固，功能应满足使用要求和金属卷帘门的各项性能要求。

5.2　一般项目

5.2.1　金属卷帘门的表面装饰应符合设计要求。

5.2.2　金属卷帘门的表面应洁净，无划痕、碰伤。

6　成品保护

6.0.1　卷帘门在搬运和安装过程中，应有防护装置，并避免碰撞。

6.0.2　卷帘门装箱应运至安装位置，然后开箱检查。

6.0.3　电焊工必须持有效期内的上岗证作业，以保证安装质量并不损坏其他成品。

6.0.4　卷帘门安装过程中注意保护洞口周边装饰层。安装后洞口周边修补抹灰或装饰罩面时飞溅到卷帘门上的灰浆必须及时用湿棉纱擦净。

6.0.5 防止脚手管等硬物撞击卷帘门。

6.0.6 卷帘门安装后，尚未交付使用前，要有专人管理，并应有保护设施。

6.0.7 卷帘门手动开启或关闭时，必须注意左右匀称下拉或上提。

7 注意事项

7.1 应注意的质量问题

7.1.1 预埋连接铁件的数量、规格必须满足设计要求，彻底清除铁件表面混凝土或灰浆，使其完全暴露，施焊前须进行除锈，以确保焊接质量。

7.1.2 卷帘门帘板有正反，不得装反。

7.1.3 安装导轨的卷帘门，轨道应找直、吊正，保证轨道槽口尺寸准确，上下一致。使导轨同在一垂直平面上。

7.1.4 安装前注意检查卷帘门的预埋线路是否到位。

7.1.5 注意安装顺序，逐步安装、逐步调试。

7.1.6 特别注意检查帘板条型材厚度和截面尺寸，它是保证卷帘门刚度和抗变形能力的关键所在。

7.2 应注意的安全问题

7.2.1 施工用电应执行《施工现场临时用电安全技术规范》JGJ 46 的有关规定。

7.2.2 手持电动工具要在配电箱装设额定动作电流不大于 30mA、额定动作时间不大于 0.1s 的漏电保护装置。

7.2.3 每台电动机械应有独立的开关和熔断保险，严禁一闸多用。严禁用铜线当保险丝用。

7.2.4 使用电焊机时，对一次线和二次线均须防护，二次线侧的焊柄不准露铜，应保证绝缘良好。

7.2.5 砂轮机应使用单向开关，砂轮应装不大于 180° 的防护罩和牢固的工作托架。

7.2.6 手持电动工具仍在转动时，严禁随便放置。

7.2.7 搭设高凳操作时，单凳只准站一人，双凳应搭跳板，两凳间距离不得超过 2m，只准站两个人。

7.2.8 架梯不得缺档，脚底不得垫高，底部应绑橡皮防滑垫，人字梯两腿夹角 60° 为宜，两腿间要用拉索拉牢。

7.2.9　现场操作人员，必须持证上岗。

7.2.10　作业场所应配备齐全、可靠的消防器材。作业场所不得存放易燃物品，并严禁吸烟或动用明火。

7.3　应注意的绿色施工问题

7.3.1　在施工过程中对于砂轮机等施工机具产生的噪声，施工人员应严格按工程确定的绿色施工措施进行控制。

7.3.2　作业时，包装材料、下脚料应及时清理，做到活儿完脚下清，保持施工现场清洁、整齐、有序。

7.3.3　严格控制固体废弃物的排放，废旧材料应回收利用。

8　质量记录

8.0.1　金属卷帘门及其附件的出厂合格证、性能检测报告和进场验收记录。

8.0.2　隐蔽工程检查验收记录。

8.0.3　技术交底记录。

8.0.4　特种门安装工程检验批质量验收记录。

8.0.5　特种门安装分项工程质量验收记录。

8.0.6　其他技术文件。

第 15 章　地下室人防门安装

本工艺标准适用于工业与民用建筑的地下室人防门安装。

1　引用标准

《建筑工程施工质量验收统一标准》GB 50300—2013
《建筑装饰装修工程施工质量验收标准》GB 50210—2018
《人民防空工程施工及验收规范》GB 50134—2004

2　术语（略）

3　施工准备

3.1　作业条件

3.1.1　地下结构工程施工完，经验收合格，已办好工序交接手续。

3.1.2　按设计要求的位置，人防门框已随结构施工预埋完，经检查符合安装要求。

3.1.3　人防门及配件已到场，其规格、型号符合设计要求，且检查合格。

3.2　材料及机具

3.2.1　人防门：门扇和框的规格、型号、技术性能应符合设计要求，有产品合格证、生产许可证。

3.2.2　配件：各种五金配件、密封件必须与门的规格、型号相匹配。

3.2.3　其他材料：各种规格的螺钉、垫片、焊条、防锈漆等。

3.2.4　机具：电焊机、焊把线、小线、木楔、锤子、扳手、钳子、螺钉旋具、倒链、支架、托线板、线坠、水平尺、钢尺、绝缘手套、安全带、面罩等。

4　操作工艺

4.1　人防门框安装工艺流程

吊运人防门框 → 人防门框安装、固定 → 二次校正验收 → 墙体混凝土浇筑

4.1.1　吊运人防门框

人防门框采用施工现场塔吊调运安装至人防门口，塔吊不能直接就位的门框，组织工人运输到门口，注意门框型号应与设计图纸一致。

4.1.2　人防门框安装、固定

1　在人防门口的钢筋绑扎完毕后将门框用塔吊放到对应的门洞前，门的型号及开启方向应与图纸吻和。

2　当人防门洞口宽度小于等于 2m 时，在人防门洞的钢筋绑扎完毕后安装门框；当门洞大于 2m 时，先绑扎门洞两侧钢筋，然后安装门框，安装完毕后再绑扎上口过梁钢筋。

4.1.3　二次校正验收

在人防门门框标高、墙体边线、洞口尺寸位置校正后，先依据标高线焊好马凳，在门框就位后将标高、墙边线、洞口尺寸位置进行二次校正，最后将门框下角钢与马凳焊接牢固。要求门框左右标高误差小于等于 2mm，墙皮线、门口线误差小于等于 5mm。当洞口宽度大于等于 2m 时，需搭设临时支撑（采用现场的钢管架料），支撑一端先与地锚焊接，另一端待门框垂直度误差调整到小于等于 2mm 时，与门框焊接；当洞口宽度小于 2m 时，门框的垂直度由模板保证，要求模板表面与门框表面紧密贴合，模板的垂直误差应小于等于 2mm。

4.1.4　墙体混凝土浇筑

在绑扎人防门门口钢筋要考虑门框本身的角钢厚度，应将钢筋保护层厚度增大到 4cm，等门框安装完毕后再浇筑墙体混凝土。浇筑墙体混凝土过程中，要求专人随时注意观察门框是否位移、变形，发现问题应及时通知项目技术人员处理解决。

4.2　人防门扇安装工艺流程

放线找规矩 → 运门扇至安装点 → 临时固定 → 焊接固定 → 补刷防锈漆 →

刷面漆 → 安装配件、附件

4.2.1　放线找规矩

主要是按图纸要求的位置、尺寸对门框安装位置进行复核，并弹出门扇的安装位置及标高控制线，对门框的平整度、垂直度进行检查。钢门框的支撑面平整度偏差不应超过 1mm；每边不平整部分累计的长度不应大于该边长度的 20%，且应分布在两处以上。门框四边的垂直度偏差不应超过长边的 2‰。超过上述要求应在门框安装前进行修整。

4.2.2　运门扇至安装点

人防门运输时采用吊车或者倒链，通过吊装孔运输至欲安装的楼层，然后用平板车或者滚杠运至安装地点。滚杠运输时，门扇必须放在木板上，严禁门扇与滚杠直接接触。运输中要防止破坏成品或碰撞伤人，到位后应放置平稳。

4.2.3　临时固定

用倒链将门扇提起到位，按控制线调整水平和垂直度，位置调整准确后，用木方将门扇垫稳卡牢，进行临时固定。

4.2.4　焊接固定

门扇临时固定好后，检查位置、标高、水平度、垂直度，符合要求后，将门扇的专用铰页轴在同一直线上，并且应与门扇、门框保持平行。焊接完成后，撤去临时固定，启闭门扇，应开关灵活，缝隙一致。

4.2.5　补刷防锈漆

焊接点和其他防锈层被划伤的位置，应补刷防锈漆，处理方法应按设计要求进行。

4.2.6　刷面漆

防锈处理后，应按设计要求的油漆颜色、品种满刷面漆数道。

4.2.7　安装配件、附件

面漆干透后，安装密封条、启门器及机械、自动和智能装置，并进行调试。密封条接头应采用 45°坡口搭接，每扇门的密封条接头不得超过两处。密封条应固定牢靠，压缩均匀；局部压缩量允许偏差不应超过设计压缩量的 20%。

5　质量标准

5.1　主控项目

5.1.1　人防门和品种、规格质量应符合设计和人防规范的要求。

5.1.2 人防门安装位置、开启方向及防腐、密封处理应符合要求。

5.1.3 人防门的机械、自动和智能安装应符合设计和人防规范的要求。

5.1.4 门扇必须安装牢固，便于开启，密封应严密，无变形。

5.1.5 配件、附件的型号、规格、性能应符合设计要求，安装应牢固，密封条搭接合理、接头槎顺直、压缩均匀。

5.2 一般项目

5.2.1 门扇表面应平整、洁净、无反锈、无划痕、无碰伤。

5.2.2 人防门安装允许偏差应符合下列要求：

1 门扇与门框应贴合均匀，其间隙不能大于 2mm，每边不贴合部分累计长度不应大于该边长度的 20%，且分布在两处以上。

2 铰页、闭锁安装位置应准确：上、下铰页同四周偏差不应超过两铰页间距的 1%，且不大于 2mm。相关数据见表 15-1、表 15-2。

钢结构门扇安装允许偏差 表 15-1

项目		允许偏差（mm）
门扇与门框贴合	L≤2000	2
	2000＜L≤3000	2.5
	3000＜L≤5000	3
	L＞5000	4

防爆波悬摆活门、防爆超压排气活门、自动排气活门安装的允许偏差 表 15-2

项目		允许偏差（mm）
防爆波悬摆活门	坐标	10
	标高	±5
	框正、侧面垂直度	5
防爆超压排气活门 自动排气活门	坐标	10
	标高	±5
	平衡锤连杆垂直度	5

6 成品保护

6.0.1 人防门进场后，人防门扇与钢门框须垂直存放，若条件不允许可四边垫平码放整齐，防护密闭门、密闭门要分型号垫平码放、挡窗板甲扇与乙扇要分不同类型垫平码放。门扇与门扇之间用枕木隔开并且垫平、放稳，用苫布盖好，严禁乱堆乱放，防止变形、生锈。并挂牌标明其规格、型号和安装位置。

6.0.2 人防门运输时，应采取保护措施，避免挤压、磕碰、划伤面层。

7 注意事项

7.1 应注意的质量问题

7.1.1 门框与门扇现场存放应垫平，必要时垂直存放并保护好漆膜。安装时不得生砸硬撬，避免出现变形划伤等问题。

7.1.2 人防门进场后应将门框、门扇按规格编号，并将门扇上的密封条和固定螺钉拆下，按编号用袋包裹入库存放，以便以后安门扇时使用，防止现场长时间存放丢失和损坏。

7.1.3 安装时应先检查铰页运转是否灵活，然后调好垂直方可再将门扇与门框固定，以防造成门扇开启不灵活。

7.1.4 人防门安装调试完工后活门槛不能拆除，待人防监督站验收合格后，方可拆除并妥善定向安置。

7.2 应注意的安全问题

7.2.1 现场运输、安装过程中，必须有专人指挥，统一号令，严禁门扇挤压、碰伤人。

7.2.2 电、气焊施工，操作人员应持证上岗，并到有关部门开火证，施工时应准备好消防器材，设专人看火。

7.2.3 现场用电应符合国家现行标准《施工现场临时用电安全技术规范》JGJ 46 的规定。

7.2.4 施工完毕，由值班电工将临时电源切断，严禁出现下班后设备带电和非电工操作问题。

7.3 应注意的绿色施工问题

7.3.1 人防门的包装材料，应及时清理回收，保持现场整洁。

7.3.2 油漆在运输过程中不得遗洒，以免污染环境。

8 质量记录

8.0.1 人防门及五金配件的出厂合格证、性能检测报告和进场验收记录。

8.0.2　隐蔽工程检查验收记录。

8.0.3　技术交底记录。

8.0.4　特种门安装工程检验批质量验收记录。

8.0.5　特种门安装分项工程质量验收记录。

8.0.6　其他技术文件。